池塘观赏鱼鉴赏养殖手册

[英] 戴维·阿尔德顿 著
[英] 马克斯·吉布斯 摄影
文 星 杨秀梅等 译

科学普及出版社
·北 京·

图书在版编目（CIP）数据
池塘观赏鱼鉴赏养殖手册/（英）阿尔德顿著；文星
等译.—北京：科学普及出版社，2012
ISBN 978-7-110-07545-6
Ⅰ.①池… Ⅱ.① 阿… ②文 … Ⅲ.①观赏鱼类—池塘养鱼—手册
Ⅳ.①S965.8-62
中国版本图书馆CIP数据核字（2011）第 149913号
本社图书贴有防伪标志，未贴为盗版

A Dorling Kindersley Book
www.dkchina.com
Original title : Encyclopedia of Aquarium & Pond Fish

著作权合同登记号：01-2009-0884

著　　者：［英］戴维·阿尔德顿
摄　　影：［英］马克斯·吉布斯
译　　者：文　星　申屠德君　韩彤彤　汪青雄　杨秀梅

出 版 人：苏　青
策划编辑：肖　叶
责任编辑：郭　璟
图书装帧：锦创佳业
责任校对：王勤杰
责任印制：马宇晨
法律顾问：宋润君

科学普及出版社出版
北京市海淀区中关村南大街16号　邮政编码：100081
电话：010-62173865　传真：010-62179148
http://www.cspbooks.com.cn
科学普及出版社发行部发行
北京盛通印刷股份有限公司承印
*
开本：635毫米x 965毫米 1/8
印张：11　字数：140千字
2012年1月第1版　2012年1月第1次印刷
ISBN 978-7-110-07545-6/S·474
印数：1-4000　定价：35.00元
（凡购买本社图书，如有缺页、倒页、
脱页者，本社发行部负责调换）

前 言

创作过程既是一种挑战，也是一个机遇，本书也不例外。一开始的难题是该选择什么样的观赏鱼种，我们最终参考美国宠物业联合委员会（the Pet Tndustry Joint Advisory，PIJAC）的国际水族贸易数据，拟定了收入本书的品种。这种选择方式覆盖了目前观赏鱼市场最畅销的鱼种，同时也包括那些在市面上比较少见的种类。

选完了观赏鱼、无脊椎动物、水草之后，下一个难题就是怎样命名它们。你可能会觉得这怎么可能是个问题，然而一个种类可能有8个以上的学名，每个学名都有专家认同，同时还有更多的民间称法。如今，在水族市场、图书、杂志、网络上，鱼种的名称仍然比较混乱。因此我们最后将所有可选名称（包括学名和俗称）综合起来，收录进本书结尾部分的种类检索表中。我希望这份检索表能起到方便读者快速查询的作用，同时也能为逐步修正名称滥用现象尽些绵薄之力。

本书的另一个独一无二的特色，就是品种篇中的每种观赏鱼都附有清晰精美的特写照片，这要感谢马克斯·吉布斯提供的精彩绝伦的水族照片。随着你对这些水中精灵越来越多的了解，你的饲养技术会更加高超，还会在这项充满魅力的爱好中找到乐趣。

David Alderton

戴维·阿尔德顿

目录

池塘观赏鱼养殖基础知识

需要考虑的问题

一个仔细选择、精心设计的池塘能够成为花园里的焦点，不过设计池塘真是一件令人头疼的事情。选择池塘类型部分取决于个人喜好，但也必须考虑所养鱼儿的需要、可选择空间的大小、花园现存景致、建筑水平的高低，以及你能花费的时间和财力。

建造任何一种类型的池塘的基本建筑技术都是类似的，但最终与水生植物、周围景致构成的效果却是大不一样的。池塘可以设计成仿自然的样式，或是人造景观样式（比较规整的几何形状，例如矩形）。这样的池塘建造起来花费比较大，不仅因为其更大，而且大型池塘还需要更高效的过滤系统以保持水质的清澈。

使用弹性池塘围边（见4页）来建造自然式池塘是很容易的，花费也不多。在一年中的某些时节，自然式池塘中的鱼儿可能就不容易观赏到了：比如在初夏，池水

这种**现代感设计**的池塘天衣无缝地融入住宅的风格中，包括小型人造瀑布及小型栈桥，但没有种植植物。

自然风格的池塘（下图）内部和边缘都种植着各种水生植物，为当地的野生动物创造出一个宁静的庇护所。

规整式池塘通常出现在庄严富丽的欧式风格建筑中，反映出源自北非的庭院设计潮流。这种类型的池塘通常除了睡莲之外，很少有别的植物种类。

由于大量繁殖的绿藻而变成绿色，池塘表面也被茂盛生长的水生植物覆盖着。自然式池塘不太依赖人工过滤系统，但是必须要定期维护，包括清除植物残枝和淤泥（见20~22页）。

池塘的深度是需要重点考虑的，特别是在季节分明的地区。在冬季温度降到冰点以下时，鱼类会游到池塘底部越冬。池塘应当至少有一个不少于1.2米水深的区域，确保在冬季最冷的时候，池塘的底部不会结冰。

池塘的安全性

池塘的安全性是应当首先考虑的问题，特别是如果有儿童玩耍的情况下。边缘加高的池塘比水平池塘更安全，而且池塘表面覆盖的铁丝网也增加了安全系数。即使运用了以上这些安全措施，儿童还是应当在有大人监护的情况下才能靠近池塘。

保护性池塘铁丝网不一定就是破坏景色的罪魁祸首。这种波浪形状、现代感设计的铁丝网就营造出一种水波流动的感觉。

下图的这种锦鲤鱼池，在鱼池的周围设计了一个沙砾圈，旁边再附以大石和少量的植物，让人一眼看去就知道这里饲养了一些来自东方的观赏鱼。

鱼池选址的注意事项

- 池塘应当修建在地面相对水平的地点
- 选择一个你透过房屋的窗户就能看到的地点建造池塘
- 要考虑驱动过滤器和喷泉的电力
- 避免在树的附近建造池塘，因为树根的生长可能会破坏池塘基地和围边
- 要避开那些容易积水的地方，因为多余的水会聚集在池塘围边下
- 将池塘安置在背风的地方，防止树叶吹进池塘中
- 选择一个在正午时分阳光不会直射的地方

结构的选择

对于观赏鱼爱好者来说，他们有大量的现代化鱼池建筑材料可选择。在构建鱼池时，可以使用一些易弯曲的衬板或者直接用预制的模型（见下面的方框），所以就不需要什么高的建筑技巧，而且造价也不是特别高。若建造一个大型的混凝土制的鱼池，那么造价就相对要昂贵一些，并且还需要一些专业的建筑师。

对于绝大多数预算来说，大量采用易弯曲的衬板或者预制的模型都是一个可行的方案，但是在购买的时候不能贪图便宜，买一些廉价物。比如价格便宜的聚乙烯制品的使用寿命就远远不如聚氯乙烯或者丁基合成橡胶，而且后两种材料的抗紫外线作用也要高于聚乙烯。就材料而言，丁基合成橡胶可能是最好的一种选择，因为它们非常有弹性，且不易产生折痕。聚氯乙烯是一种比较便宜的选择，但是使用寿命也较短，如果选择聚氯乙烯的话那就买厚一点的，一般来说要有1cm厚，另外还可以在外面加一层尼龙网来提高它的强度和耐用性。预制的模型也有不同材料可供选择，其中防水布是一种比较耐用的材料。

在购买易弯曲的池塘衬板前，你得确信你所买材料的尺寸是符合你的要求的，所以在这之前你就得作一些计划，接下来就告诉你如何将鱼池拆分成简单的几何形状：首先，确定长和宽，也就是鱼池的最长的距离和最宽的距离；接着，确定鱼池最深的深度；然后再在刚才所确定的长和宽上加上两倍的深度；最后，再加上45cm，这部分是用于铺在塘沿上的，最后得到的尺寸就是你所需要的尺寸。

选择易弯曲的衬板还是预制的模型?

易弯曲的衬板

这种材料相对直接一点，而且还有让你自由发挥的空间，所有的衬板都有配套的补底材料，它能缓和尖锐物体对衬板的冲击，大多数都有现成的商品，但是大型的地毯式或者沙土式则都是定制的。

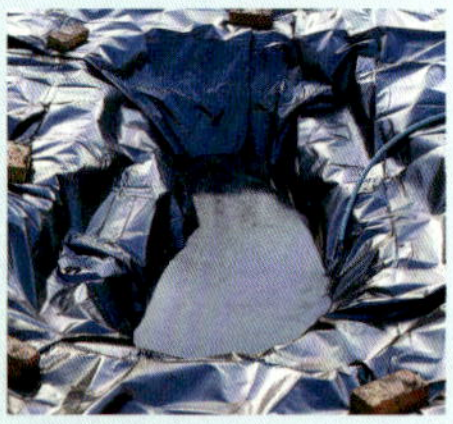

优点

- 可以构建出各种形状和大小，更具自然性。
- 耐用：高品质的衬板寿命可达50年。
- 既可以直接铺设在地面上，也可以用砖块把它支撑起来。

缺点

- 易被一些树根戳破，从而需要进行修补。
- 便宜的衬板寿命短，性价比低。
- 底部还需一些支持物，这将会增加成本。

预制的模型

预制的模型一般是用塑料、玻璃纤维或者橡胶简单的浇筑而成的，但也有形状和大小各异的手工制品。大多数模块都在边缘设计了可种植植物的结构。一般来说是没有灰白色的，因为这种颜色看上去就知道是人造的。

优点

- 简单，只要有块地就可以了。
- 可以买到各种大小和形状的模型，包括可以饲养锦鲤的大型预制模型。
- 既可以埋在地下，也可以设计成全高或半高的鱼池。

缺点

- 由各种固有的形状模具拼凑而成，所以在设计上有一定的局限性。
- 一些种类深度不够，使得鱼类不能在其中安全地越冬。
- 非常耐用，但是如果被树根戳破，将是很难修补的。

池塘观赏鱼

池塘的构建

建造池塘

在建造池塘之前进行详细的设计是非常重要的，除非你选择用预制模型或者池塘衬板。在动手之前应该仔细推敲每个细节，并画好设计图（包括植物的布局），还要考虑一些实际的问题，比如用什么材料，需要什么工具，甚至如何处理多出来的泥土。

挖池塘是一个很费体力的工作，虽然小型的池塘可以选择手工挖掘，但是相比而言还是租用一个挖掘机更加合算，或者叫专门的建筑队来帮你建造。鱼塘的结构易受当地土质的影响，比如土质为沙质，这种地区容易挖掘，但却不能构造出鲜明的轮廓，而黏土地区则易构造出鲜明的轮廓，却又不容易挖掘。

边缘修饰物，比如图中这个成熟的花园中，采用了一些石板将池塘边缘遮掩得不留痕迹，使池塘看起来更加自然清新。

用衬板建造的池塘

在池塘的建筑中，衬板是一种多用途的材料，它能提供一些比较随意的形状。在这里衬板的附加尺寸对于池塘的细节处理是非常重要的，所以在购买时千万不能算错所需尺寸（见4页）。

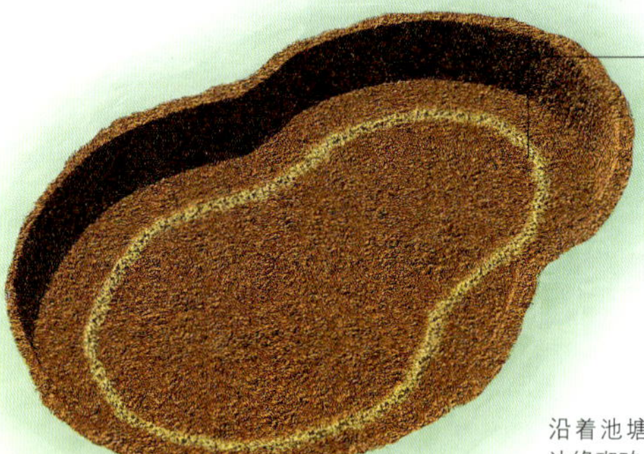

❸ 加固边缘

检查一下每一层是否是水平的，然后用砂浆和砖块给池塘边缘加固。

❶ 勾勒外部轮廓

先用细沙勾勒出池塘的大致轮廓，然后开始挖掘工作。

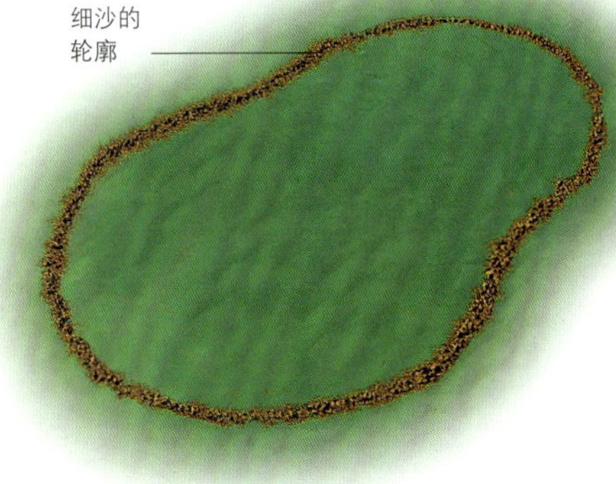

❷ 挖去第一层泥土

首先沿着细沙勾勒出的轮廓挖去池塘第一层泥土，然后再依次往深挖。

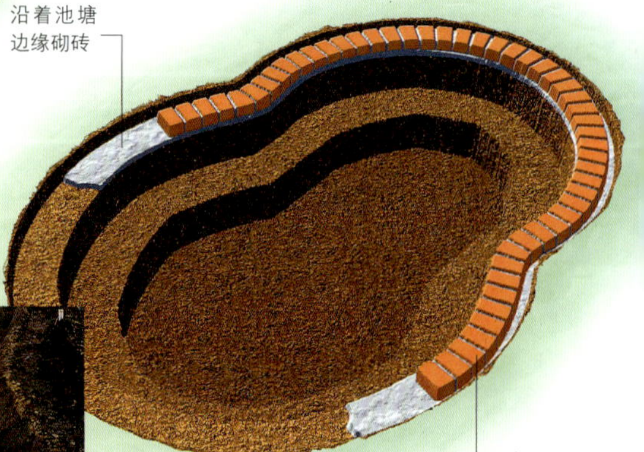

将底部耙平，耙去一些石块或者一些易损坏衬板的尖锐物体。

预制的池塘单元

使用一个预制的池塘单元来建造池塘相对来说更直接。为了使建造的池塘成功耐用，必须打好地基，不能有石头或者玻璃碎片之类的东西，安放池塘单元时必须保持水平。

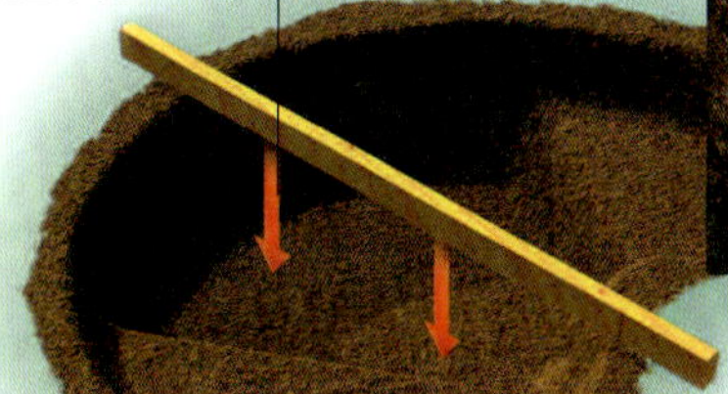

底基必须仔细地挖。确保没有任何的碎片，而且整个区域要水平。

❶ 规划出池塘的边界

将单元安放在石块上以保持平衡，然后沿着该单元的边缘以规则的间距插放竹条。沿着竹条用线划出需要挖掘的区域。

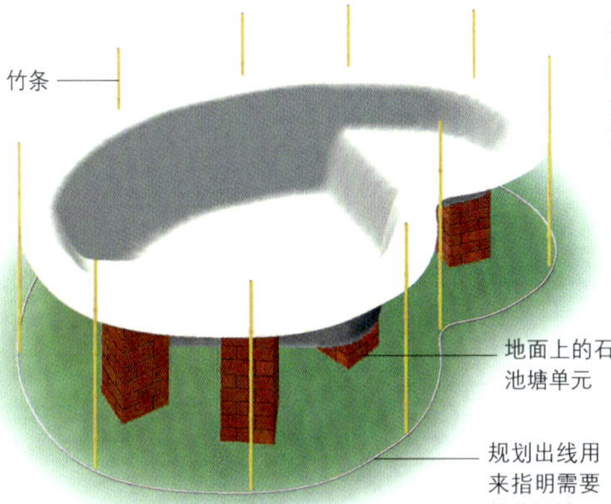

❷ 挖空池塘区域

挖出的坑尽可能地与池塘单元匹配，包括边缘的架子。耙平底部并且压紧，然后把池塘单元安放在一层沙上面使它更加吻合并且完全水平。

❸ 固定池塘单元

慢慢地往池塘单元中注水，在刻度处暂停注水来检查单元安放得是否水平。等到池塘单元安放无误的时候，用沙子回填单元的边缘部分。

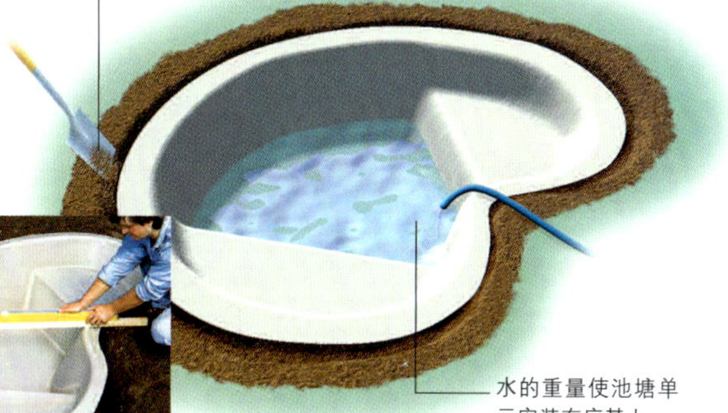

通过一根木板和水平仪检查池塘单元是否倾斜。

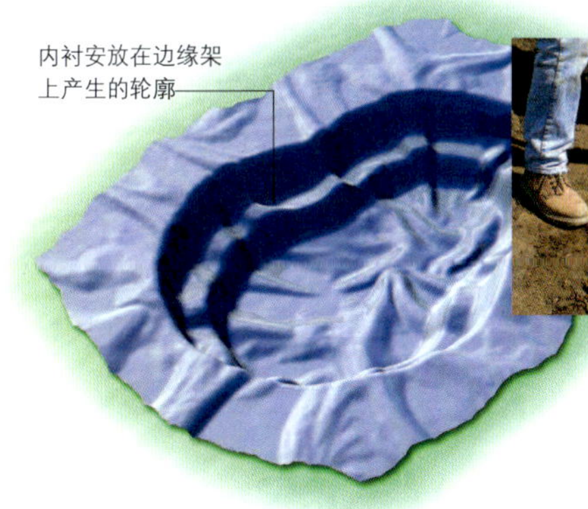

使用下衬，比如说地毯、工业用地垫或者是一层软沙，可以延长池塘内衬的使用寿命。

❹ 安放内衬

柔软的池塘内衬下面应当安装一个合适的下衬材料。调整内衬的位置使与池塘单元的边界重叠的部分是水平的。

❺ 部分填充池塘

在你注水的时候，内衬上褶皱的地方就变平坦了。用手握住内衬的边或者用砖块保护它们。

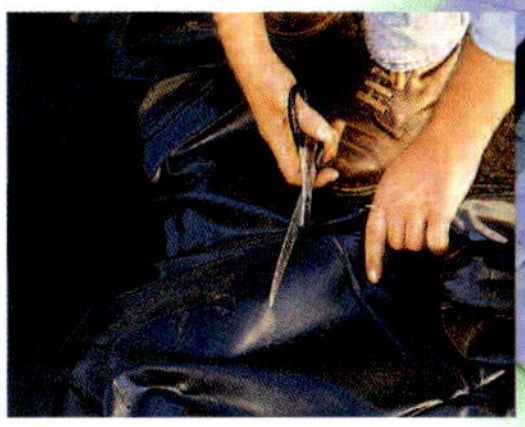

用一把锋利的剪刀沿着边界均匀地**剪掉多余的内衬**

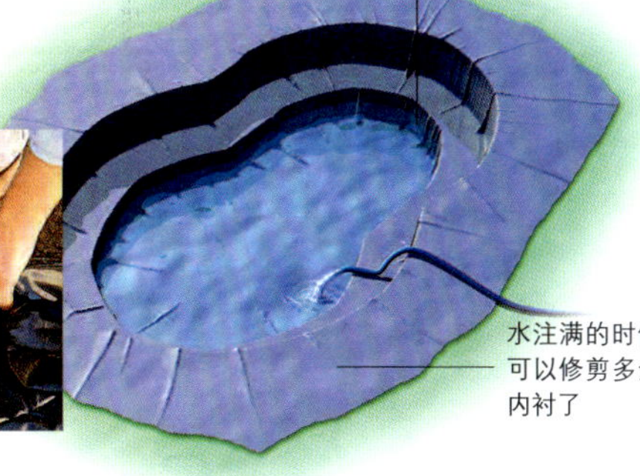

用水平仪**检查**每一块石板是否放平

❻ 安装坚硬的边缘

用灰泥涂抹石片安放在边缘部分能够创造出一个不规则的边界。要注意不要让灰泥掉入池塘中，因为有毒。

水泵和过滤器

庭院池塘常常比自然环境中的池塘可容纳更多的鱼类，因此必须用过滤系统来改善水质。对于养殖锦鲤的池塘来说更是如此，因为通过清澈的池水，能更容易地观赏锦鲤美丽的颜色和图案。电泵驱动过滤系统，还可以制造喷泉和水流效果。

池塘水泵分为两种主要类型：在水下工作的沉水泵，以及只能在水面上工作的、更强劲的地面泵。沉水泵通常体积较小，工作电压也较低，所以最适合小型池塘；而高压泵更适合大型池塘和水流效果。一台水泵必须能将池塘中的水在两个小时之内过滤一遍，所以在选择水泵时应当知道池塘中的水容量。预制池塘通常在基底上标注了池塘容量；如果没有标注的话，也可以在注满池塘时在水龙头上安装一个流速计，用于测量容量。

喷泉并不仅仅只有观赏性，它还可以给水增氧，在建造人工喷泉时，应当留意水不会溅出池塘。

水质的维持

在许多过滤系统中，都是利用水泵将水泵入过滤器中，所以水泵是过滤系统中一个不可或缺的组成部分。池塘过滤系统主要有两种类型：一种是内嵌型，过滤系统安装在池底，另一种是外挂型，安装在池塘外面。所有过滤系统的结构都是相似的（见9页），但是过滤介质却是多种多样的。在内嵌型过滤系统中，水泵和过滤器会尽可能地靠近，以此来提高水流利用率，在外挂型则刚好相反，水泵应尽可能地远离过滤器，以防止过滤后的水被水泵再次污染。

在水泵和过滤器中再安装一个紫外线系统可以大幅度地提高水质，因为在紫外线的照射下，藻类会凝聚成团，从而被过滤器滤除。

庭院电力系统

在从家中向池塘引出电力时，应当安装有安全保护的电力系统。主电缆应具有绝缘保护层，电缆沟至少深达60厘米。直接接在主电网上的设备必须安装电源开关或RCD（漏电保护装置）。适于小型池塘的低电压水泵，不会造成危险。

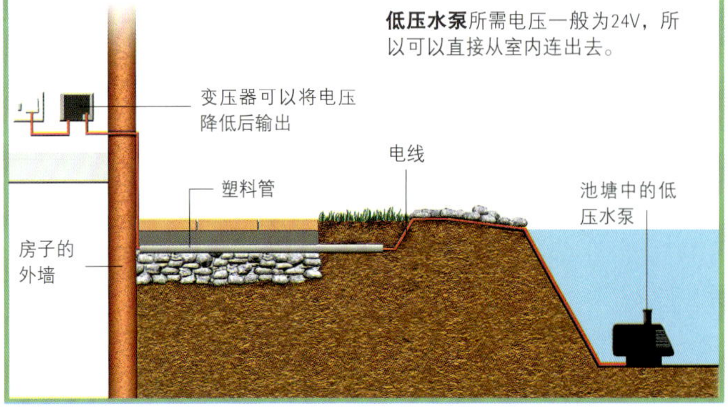

池塘的过滤系统

水泵是过滤系统的主要设备，它使水通过过滤系统。所以泵的设计，从潜水式到马力更大的地面式，工作原理都是一样的：电动马达驱动水经过过滤系统然后通过出口将水排出。大多数泵都装有一个过滤器——筛型的装置或者是泡沫海绵状的附属物——阻止池塘中的残杂物进入泵导致堵塞。

过滤系统的工作原理与鱼缸中的过滤系统相同，只是体积比较大。从池塘抽出的水经过内部和外部的过滤器单元，这些单元包含很多层过滤材料。这些材料包括不同等级的过滤泡沫刷或泡沫层，它们能从水中筛掉特定的物质，有些材料还可以作为生物过滤材料，有利的细菌才能在其中繁殖。细菌可以分解鱼的排泄物。净化后的水经过过滤材料后流回池塘，或者再经过一系列过滤装置以最大限度地净化水质。

定期检查过滤器的流速和水质；如果有沉淀物表明需要清理过滤器了。在清理池塘过滤器时，一般使用脱去氯或者池塘本身的水来清洗过滤材料，保持细菌含量。在一个新的池塘中，有益的细菌在过滤器中繁殖需要一定的时间。为了确保氨的含量不会达到危险水平，加入沸石——一种能加速氨从水中逸出的物质。

潜水式泵是用来设计在水下工作的，在池塘外将不会工作。泵里的电动马达驱动叶轮使水经过出水管流出泵。这就形成一股水流使水进入泵中。出水管可以与管道相连通向过滤系统，或者可以形成喷泉或瀑布。

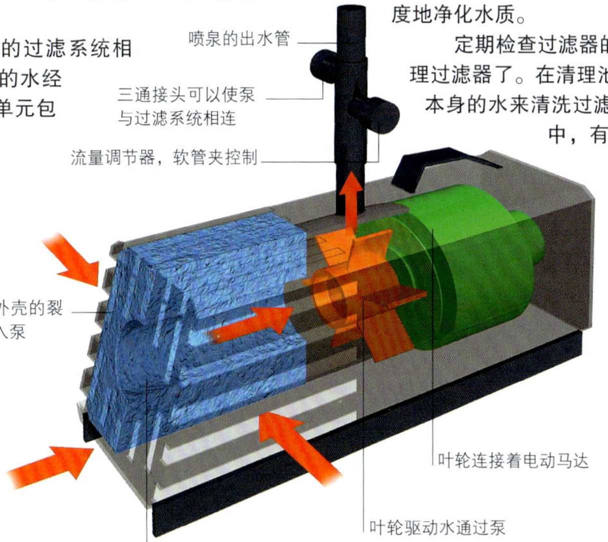

外部过滤器单元的主室安装在池塘外部的房子内。泵将水压入顶部，在这里水形成很均匀的喷雾状，喷洒在过滤材料上。首先经过许多泡沫层——从表面粗糙到表面光滑的层——在这里特别的物质被吸附，然后经过生物材料层后水就流回池塘。

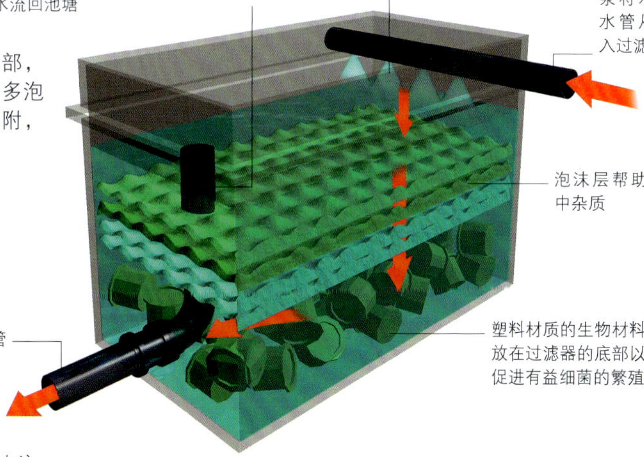

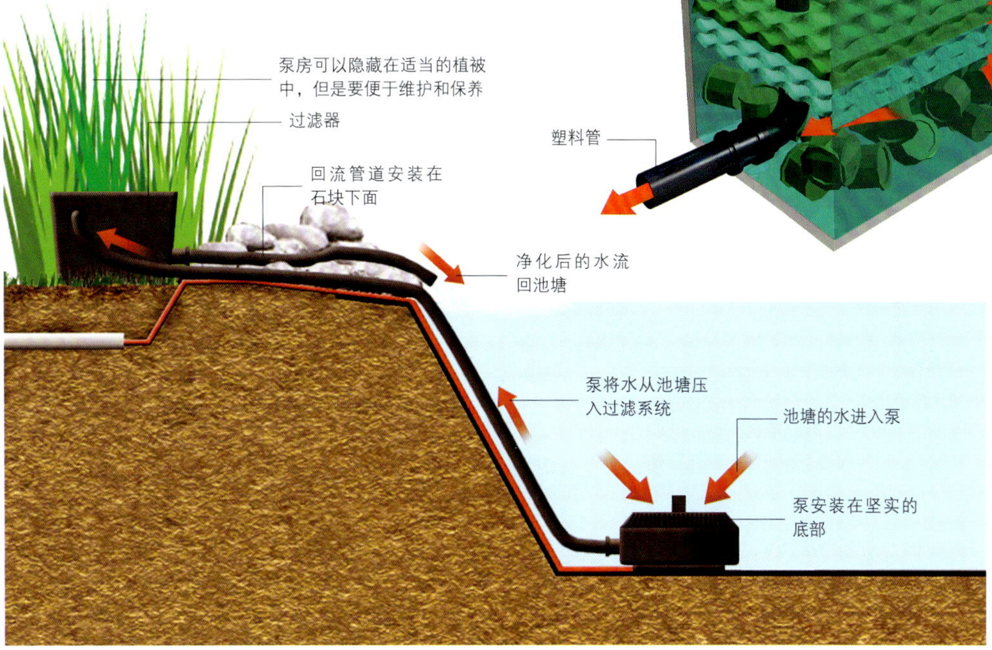

一个典型池塘的建立是用一个潜水泵在水边提供一个外部过滤器，泵使水经过过滤系统，它应当有足够大的马力，不会因为池塘中残杂物堵塞而停止工作。如果马力足够大，泵除了驱动过滤系统以外还能用来产生瀑布或者喷泉。

植物和景观

植物不仅增加池塘的观赏性，还可以帮助保持水质良好，为鱼提供一个健康的环境。植物的选择部分取决于池塘的特征——天然的池塘被浓密的植被环绕，风景优美。

有关选择植物的提示

- 避免在冬季购买植物，植物在这个季节处于休眠状态，你无法看出它们是否健康。
- 仔细检查植物中潜在的害虫，例如水生蜗牛。
- 盆栽的植物比根裸露在外面的植物生长得要快，假如它们不需要被移植的话。

一个和谐、健康的池塘必须有两种植物：一种所谓充氧器植物（见72~73页），能往水中释放氧气；另一种浮游植物（见74~75页），能在阳光下提供掩蔽处。如果没有这些植物或者一个有效的过滤系统，池塘中的水将充满藻类，这样的话水不但会变绿而且会影响一部分鱼的健康，例如小体鲟（见61页）。生长在池塘里的植物能吸收硝酸盐——鱼的排泄物分解后的产物——这些植物为过滤系统减轻了负担。

在养殖锦鲤的池塘中移植植物不是一件容易的事，这部分由于池塘的水深，部分是由于锦鲤有挖掘水草并吃掉嫩芽的习性，因此在大多数锦鲤池中，只种植一些高高的水边植物或睡莲，这些植物的叶子能为鱼儿挡住暴晒的阳光。

种植物

在一个新的池塘，填埋以后要等上几天，让水的温度能够升高到周围环境的温度，然后将植物种植在适当的位置。有必要的话将植物种于盆中，首先要仔细检查植物有无疾病或者感染害虫。在气候温和的地区，春天是往一个池塘中引入新品种植物的最佳时节，因为水生植物在这个时候生长得最快。如果池塘比较大的话，你可能需要高筒防水胶靴涉水将植物放在适当的位置，还要戴上特制的池塘专用手套。这些手套能一直套到你的肩膀，由此使你免受水中疾病的侵袭，例如威尔氏病（见25页）——一种潜在的危险条件下通过啮齿动物传播，可以引起黄疸的疾病。

池塘植物的种类

池塘植物根据生长环境和池塘中生长空间可以分为四大类。增氧型植物、睡莲、浮游植物等生长在水面上或者水中。边缘植物对于池塘来说是个很好的补充，不仅是一种点缀，而且可以为昆虫提供一个优良的生长环境。

增氧型植物在水下大量繁殖，在光照下释放氧气。

睡莲有艳丽的花朵和硕大的叶，可以为鱼提供遮挡和保护。

浮游植物可以很快生长蔓延到整个池塘，它的生长要严格控制。

边缘植物可以在池塘边的浅水或者沼泽地带生长。

种植池塘植物

边缘植物和睡莲在池塘底部的土层上很容易生长，但是如果将它们种植在特制的植物篮里就更容易打理了；这样的话，需要时可以移栽植物，时刻关注那些生长速度快的植物的生长情况，还要将侵入性植物对池塘的损害降到最低的程度。挑选一个相对较大的筐子，让植物有足够大的空间去生长，用特制的含水土填满筐子为池塘植物创造理想的生长环境。种植的时候不要将植物的冠埋在泥土下以防在水中腐烂。增氧型植物也可以种在筐子中来保证其生长环境不被抢占，因为浮游植物很容易占据整个水面。

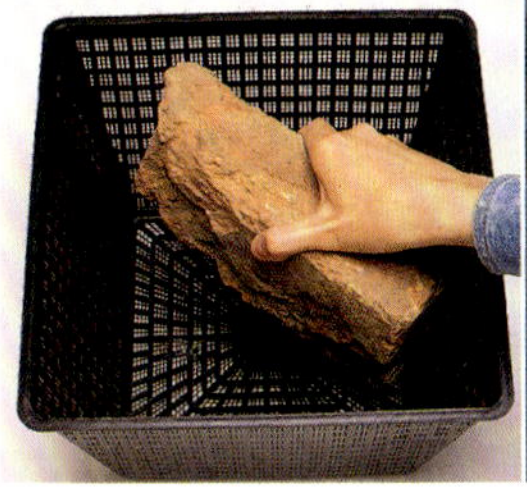

大的石块可以放在植物筐子中用来保持平衡，对于一些比较高的植物非常有用。

泥土上铺满砾石用来压住植物。

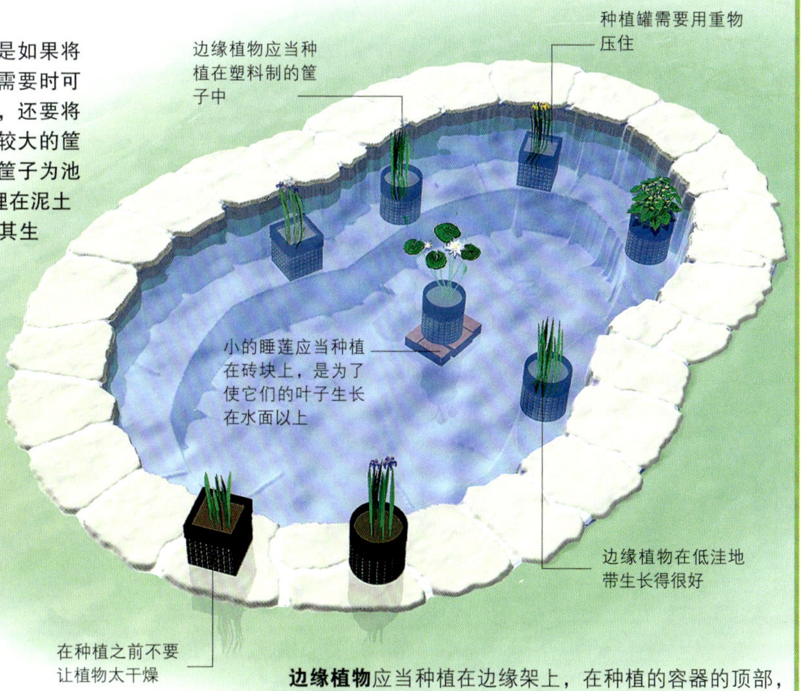

边缘植物应当种植在边缘架上，在种植的容器的顶部，水面以下的位置。首先在砖块上种一些小的睡莲，随着植物的长大逐渐降低它们的位置。

种植类型

池塘中和池塘周围的植物对整个景观有很重要的影响。传统的正规的池塘一般种植生长比较慢的植物，比如睡莲，这样不会掩饰池塘清新而整洁的边缘部分。小池塘经常得益于那些更高更具有建筑风格的植物，比如芦苇和草，这些能使人抬起眼睛，感觉池塘更大。

三种睡莲，红纱（*Nymphaea* 'Escarboucle'）、威廉（'William Falconer'）、白睡莲（'Marliacea Albida'）为这个大型的规整式池塘增色不少。这个池塘边缘种着高高的燕子花（*Iris laevigata* 'Variegata'）、水生美人蕉（*Canna flaccida*）、水葱（*Schoenoplectus lacustris*），池塘的一角长满狐尾藻（*Myriophyllum verticillatum*）。

这个庭院池塘在植物垂直方面的突出强调，通过大型边缘植物的使用达到了目的，比如说鸢尾和灯心草，加强了这种现代类型的几何线条，一株睡莲（*Nymphaea* 'Gladstineana'）柔化了视野并且为鱼儿提供了遮盖物。

富有创意的景观

在池塘周围加上边界能够增加池塘的周长并且能够很好地隐藏池塘内衬的边缘。这能使内衬避免暴露在阳光下从而延长其使用寿命。硬质结构的材料，比如说用于块石面路的厚石块或者砖块，沿着池塘的边缘一直铺开，看上去感觉更加正式，而天然的石头或者草皮更适合于非正式的池塘。另一种可能性是一种木质的铺设于水面以上的平台，但是木质材料必须经过无毒的防腐剂处理以防变形或者腐烂。

考虑池塘的入口：如果穿过草坪，重复踩踏很容易导致一条泥泞小路的出现。如果你不想设计一段小路，那么就将石块铺在草地上作为一条随意的小道吧。

池塘周围的植物和景观能够很好地遮掩池塘的机械设备。比如说外部的过滤系统可以隐藏在花坛的植被当中，即使外部过滤系统在安装位置的选择上要求考虑到容易得到日常的维护和保养。

东方特色的锦鲤池塘经常包含桥和日式生活中带有装饰性的特色，如树桩盆景和非常流行的竹制喷泉。

流水

喷泉对于任何一个池塘来说都是一个引人入胜的补充元素，同时通过增加水中含氧量为鱼儿提供一个更加健康的生活环境。然而水生百合喜欢生长在平静的湖水中，在喷泉下生长得肯定不好，因此应当将它种植在离喷泉稍远的地方。不然喷泉产生的水流能将浮游植物飘向池塘的另一边；在放置浮游植物之前，喷泉打开的时候在水面上放一个轻的塑料质球来测试水流。如果塑料球飘离了你打算放置浮游植物的那个位置的话，那么调整喷泉的位置。

桥不仅可以提供一个理想中的优势点来观察鱼和给鱼喂食，而且还可以点缀池塘使其引人入胜。

装饰灯可以使你在晚上欣赏池塘，也可以加入其他的装饰物比如说喷泉，它有种引人入胜的效果。

垫脚石能给人一种现代感，它的构造是在底座上铺设木质平台，但要注意的是保证使用的防腐剂对鱼儿是无毒的。

鱼的选择和引入

池塘鱼的选购是有季节性的，在春季和夏季的前几个月里市场上有许多种类的鱼可供选择。这是购买池塘鱼的最佳时间，因为这个时候给在池塘里安然度过冬天的健康鱼种一个机会，使鱼种为更加寒冷的天气来临做好准备。从信誉比较好的供应商那里获得鱼种比较好，你可以在购买之前检查鱼。

大多数水产中心提供一系列的冷水鱼，如果你想要专门用于观赏的锦鲤，最好寻求专业经销商。池塘鱼一般按照鱼的尺寸来定价，最大的鱼价格最高。最好开始先养小鱼；这不仅节约成本，而且你有机会去驯服它们。冷水鱼在适宜的环境下长得很快，当考虑到池塘鱼的放养密度的时候应当考虑到这个情况。

把新购入的鱼饲养在一个室内的鱼缸或者一个小型的室外池塘或者其他一些地方以后再进入主池塘，确保鱼都是健康的。如果你仅仅是刚往池塘中注满水，那么在引入鱼之前往水中放入适量的除氯剂。

在没有**过滤系统**的池塘中放养鱼的密度应当是池塘表面每0.09平方米中放养体长不超过5厘米鱼一条。

选择健康的鱼

- 在抓住鱼之前，检查你选择的鱼能够很自然地游动。
- 观察鱼的两侧，问题可能出在其中一侧。
- 近距离观察鱼是否有皮肤损伤的迹象，包括是否有鱼鳞缺损或者身体上是否有发红的部位。
- 仔细检查是否有外部寄生虫的特征，寄生虫带入池塘则很难清除。

引入新品种鱼

大多数的鱼能够通过装在一个大塑料袋中从供应商那里运送到你的池塘，但是大型锦鲤要放在桶里才能运输。运送鱼的时候要非常小心，避免它们受到伤害。如果可能的话，就从当地的经销商那儿购买，尽可能减少运送的时间。给运送的袋中增氧以延长鱼能够在袋中生存的时间，但是不能把鱼装在袋子中的时间太长而超过必要的时限。

❶ **抓鱼**

供应商一般会帮你抓鱼，然后将鱼放入一个装满水的袋中。

❷ **加氧**

为了在运输途中维持鱼的寿命，袋中充入氧气使其膨胀，然后将口封紧。

❸ **安全运输**

用硬纸板保护塑料袋并保持其直立，不能将袋直接暴露在阳光下。

❹ **放鱼**

不要将袋中的水倒入池塘，让鱼游出，然后将水倒掉。

室内冷水鱼

很多冷水性鱼类可以养在室内的水族箱里，而且一些体型较小、颜色不太鲜艳的种类更适合养在室内，比养在室外的池塘中更易于观赏。大型观赏鱼类，比如锦鲤和鲟鱼，在幼鱼时可能被饲养在室内鱼缸中，但一旦长到足够大时就必须移到户外的水池中去。有些冷水性鱼类不能在池塘中越冬，特别是在四季分明的地区，它们必须养在室内，直到春天来临。

你可能不知道的是，从数量上来说，金鱼（见34~35页）是世界上最受欢迎的家庭宠物。无论是在室内鱼缸中，还是在户外的池塘中，饲养金鱼都是非常简单的。金鱼不苛求水质，只要把自来水曝氯处理，金鱼一样活得很好。金鱼通常并不怕人，特别是一旦在水族箱中养熟了之后，而且混养多条金鱼也是完全没有问题的。不同的种类也可以饲养在一个水族箱中，但最好避免将单鳍的草金鱼与特种金鱼混养在一起，因为这会发生杂交，而且特种金鱼在抢食中也竞争不过动作敏捷的草金鱼。

淡水鱼鱼缸的构建

冷水性水族箱的建立类似于淡水水族箱，不过并不包括加热器，水生植物的种类也不同。冷水性水族箱只需要简单的过滤系统，比如底滤或是动力过滤器。灯光是很重要的，加罩的照明灯能促进水生植物生长，让鱼儿更易于观赏。要避免采用红色或蓝色的底砂，否则会显得昏暗。金鱼在觅食时喜欢挖掘底砂，这就使得种植水生植物很困难，将植物用石块固定可以保护其免遭金鱼吞食。

能在室内水族箱中养殖的冷水鱼还包括一些鲤科的小型鱼类。另外，鲟鱼家族中的成员不适合养在室温下，尤其是幼鱼，这是由于当水温高于20℃时它们就停止进食了。

季节性生活环境

有些在池塘中度过夏季的冷水鱼必须移到室内来越冬，特别是对于那些特种金鱼来说，它们比较娇弱，不能在户外度过寒冷的冬天。圆滚滚的身体形状让它们容易在低水温时遭受游泳问题，导致身体呈一个不正常的角度漂浮在水里。应当在初冬就预先准备一个水族箱，让鱼儿在温度下降到危及生命的程度之前就能搬进室内。在移殖观赏鱼时，将它们从池塘用网

朱文锦以及其他金鱼在水族箱的底砂中翻找食物，它们不停地挖掘、吞吐底砂，寻找可以吃的食物碎屑。

捞出，放入一个便携容器中（比如干净的塑料瓶），然后带入室内，放进水族箱中。所以，一旦气温下降到警戒线时，就应该将它们移入室内饲养，在移动的时候，可以用塑料碗将它们在池塘中的巢一起移入鱼缸，这有利于它们很快适应鱼缸环境。

即使是一些耐寒的金鱼品种，它们的第一个冬天也最好在室内度过，如果在室外的话，它们就会表现出厌食和生长速度减慢现象。在室内饲养还有利于幼鱼的驯化。

整个冬季金鱼都应该在室内饲养，而在春季寒冷的天气过去之后，就可以将它们重新移到室外了。在移动之前，必须确定室外的温度和鱼缸中的温度差不多，以免给金鱼带来过度的环境压力。

如果想要往池塘中移入新得到的鱼类，首先应该将这些鱼饲养在一个有着理想环境的鱼缸中，大约一周后，如果此时这些鱼表现出非常健康的情况的话，就可以将它们移入池塘了，这个步骤是非常有必要的，因为有些鱼会携带一些病菌或者寄生虫，如果直接将它们放入池塘的话，就有可能将病菌或者寄生虫也带入池塘，从而使原有的鱼类染病。在饲养一些大型的冷水鱼（包括体型较大的金鱼）时，需要配备一个强力的过滤系统，比如内嵌型过滤系统。

金鱼吃着漂浮在水面上的片状或颗粒状的鱼食，这种喂食方法有利防止鱼食的浪费，同时可便于鱼缸的清理。

冷水鱼鱼缸的选择

市场上有多种鱼缸可供选择，一般来说都是选择一个比需求稍微大一些的鱼缸，这样就算鱼长大了也依然可以用。最好别选择右图那样的传统金鱼缸，因为这种鱼缸的水面比较小，不利于气体交换，而右下图所示的矩形鱼缸的空间就明显要大些，另外如左下图所示的BiOrb这种有现代化风格的鱼缸则是设计了一些通风结构。

鱼缸的维护

对于冷水鱼来说，定期换水是非常重要的，因为换水能够降低鱼缸中的氮等污染物。大约每隔两周换水一次，每次更换1/3的水。换水时可以利用一根长虹吸管来进行简单的操作，如果想往鱼缸中引入一些硝化细菌来清理沙粒的话，那么在换水的同时就可以引入。

在更换部分水时，后加入的水的水质必须和已有的水一样，所以应该将其过夜放置，这样就能保证后加入的水和鱼缸中的水的温度是一致的。

室内鱼池

室内水池能成为温室花园或住宅中的一个亮点，特别是在季节分明的地区，相比简单的户外池塘具有许多优点。由于具有遮盖和温度恒定的环境，室内水池能种植更多种类的水生植物，比如荷花、睡莲等（见76~81页），还有很多在室外很难存活的家养植物，为整个池塘景观创造出彩色的背景。可以养殖的观赏鱼品种也更多了，特别是如果水温可以加热的话。小型的鱼群比如红绿灯能营造出令人印象深刻的群游景象。冷水鱼，比如锦鲤，在室内水池中会比在室外长得快些。皮光鲤（见54页图）——一种生长快速的锦鲤——在这种环境下可以在5岁时长到91厘米。

建造室内水池与建造户外池塘很相似（见6~7页），但在挑选室内位置时必须仔细考虑（见下方栏目）。垫高型的水池是室内水池中最受欢迎的种类，特别是如果在其中饲养了一些小鱼，平坦边缘型水池则能让人们有机会在旁边坐下并欣赏小鱼。一定要考虑水池的安全性（见3页），特别是如果有儿童观赏的话。

室内水池需要有一个高效的过滤系统，用于保持水质优良，部分换水也很重要，这是因为与户外池塘不同的是，室内水池不会接受定期降雨的水分补充。蒸发作用将会降低水位，所以应当定期补充干净的曝氯后的水。

为了让室内水池中的**植物生长茂盛**，比如这个精心维持的温室池塘，还需要额外的光源来让植物在冬季生长（尤其在四季分明的地区），保持温度也是很重要的，这取决于你选择的植物种类。

室内水池能成为现代派室内设计中一个景观亮点。这个古朴风格的锦鲤池塘（右图）由英国Dransfield Owens de Silva建筑事务所设计，可以通过一块块铺路石通往另一个房间。

室内鱼池注意事项

- 如果你希望建造一个大型的室内水池请寻求专业的建议。
- 仔细检查温室的窗户有无缝隙，防止水温大幅波动。
- 保持适度的通风，防止有害物积累和霉菌滋生。
- 安装好排水设备，防止池水泄漏而造成水淹房间。

池塘观赏鱼
饲　养

食物和喂食

冷水鱼，诸如锦鲤和金鱼，经常不断地搜寻食物——这些行为特征让它们看起来似乎总是处于饥饿状态，即使在它们当前没有营养需要时也是这样。在池塘环境中，它们能够在自然食物环境中吃草，诸如水藻和植物性食物，但同时它们也需要一系列的合成食物来实现均衡的营养。

如果定时在池塘的同一位置用手饲喂的话，**锦鲤是能够被驯服的**。任何突然的移动都会导致它们潜回到池塘的深处。

大多数养鱼者给他们的鱼喂食市场上现有的食物，诸如丸状的和薄片状的（见19页方框），这些食物包含按科学配方合成的均衡的食物配料，其中含有蛋白质、脂肪、碳水化合物、维生素、矿物质和纤维素，所有这些都是健康饮食所不可缺少的。这些食物应该成为你供给鱼的食物的基础部分。

注意不要给池塘鱼吃得太多，因为这会导致肥胖，从而缩短它们的寿命。同时，过多的吃剩的食物很难从池塘中清除，同时任何一种剩余物都有可能腐烂，导致水质的变坏。只喂一小部分的食物能够保证这些食物在几分钟内被吃完。

特殊食物

高度特效的食物现在也是可以得到的，它们里面含有合成的各种用于促进生长的配料，对一个品种的繁殖能力、颜色或某一个体特征有特殊作用。这些金鱼的多样性，比如说图中的蓝高头，可以供给食物以加强它们兜帽的生长。这些食物看起来与其他池塘鱼的食物很相似，但是它们的蛋白质等级、β-胡萝卜素和其他组成却有显著差异。

一种多变的饮食

尽管池塘鱼能够靠吃配制好的棒状或丸状食物生存，但是给它们增补一些其他多样食物是很有益处的。依据所要提供的食物的类型，应该把它弄成合适的大小，那样所有的鱼就都能吃到了。

大多数池塘鱼是杂食的，很喜欢吃绿色的蔬菜叶子。这些蔬菜，比如新鲜的生菜叶子，是很好的纤维素来源。

营养分析

特别设计的促进鱼生长的食物中的蛋白质等级要比一般目的的食物中高很多。强化生长食物应该在夏季供给，这时候鱼最为活跃。

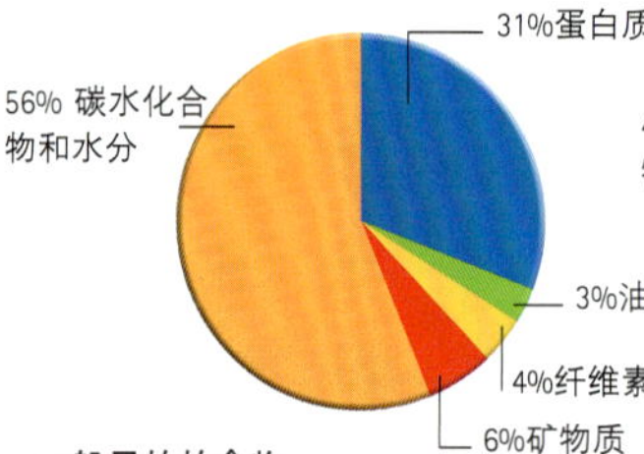

一般目的的食物

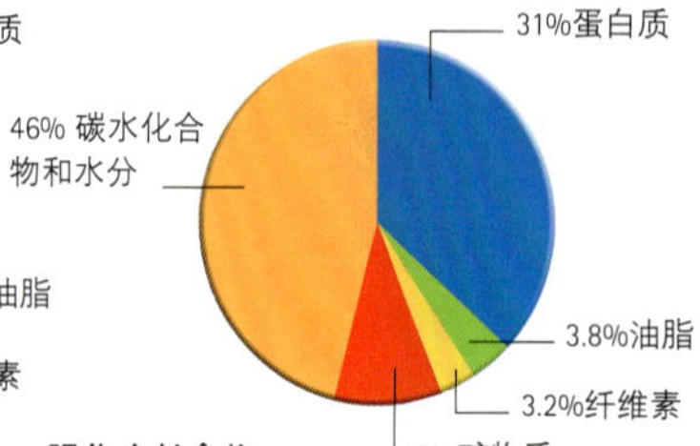

强化生长食物

锦鲤寻找食物的能力很强。它们依靠视力以及嘴周围的感官触须，即用这种触须似的东西在底部寻找食物。

豌豆也可以喂给鱼，但必须是从豆荚里剥出来的。带壳的虾则是一种很奢侈的款待，可以用手喂给鱼。在喂给鱼之前，这些虾必须除冰。大多数池塘鱼还会吃褐色的面包，将其卷成小球喂食。

锦鲤食物的广泛程度是惊人的。其中一个最不寻常的就是大蒜，大蒜对鱼的身体有益，因为它含有杀菌成分。在喂食给鱼之前，应该把大蒜弄成很小的块，或者把它揉进一种不熟悉的食物表面鼓励锦鲤吃掉它们。也可以喂橙子片给锦鲤，这会提供很有益的维生素C，从而改善鱼的免疫系统。锦鲤能把果皮从果肉上剥去，随后果皮应从池塘内清除掉。

季节性差异

大多数鱼是变温的，也就是说它们的体温受周围水的温度的控制，即当水温降低时，鱼的体温也会降低。这时它们消化和吸收食物的能力也会减弱，进而减弱它们的食欲和活动水平。在寒冷的天气，应该给鱼提供很少量的容易消化的食物，因为残存在肠道内的未消化食物会导致疾病。一旦水温下降到10℃就不能再给鱼喂食了，因为在这个温度它们完全不能消化食物。

为了适应这种可变的需求，可以用含有适合池塘鱼季节性饮食需求配料的食物。例如，用小麦胚芽做成的干燥食物，它们很容易消化，用于水温较低的春季和秋季是非常理想的。

食物类型

冷水鱼食物的配置以谷物为基础，此外还包括一些增加颜色、辅助消化或促进生长的配料。为池塘中所有的鱼类选择最为合适的食物是很重要的，比如，要确保有适当的可供体型最小的鱼选择的食物，要保证任何一条鱼都没有挨饿的风险。

冷藏的食物块是包装好的，在喂给鱼之前要先解冻。

棒状食物在浮游或底栖种类中是可用的，适合锦鲤和其他大型池塘鱼。

丸状食物适合中等体型的池塘鱼，并且有不同的或浮游的或沉降的产品。

薄片状的食物先浮在池塘的表面，然后下沉。它们对小型的冷水鱼类是非常理想的。

自动喂食机在固定的时间间隔分发预定量的干燥食物。喂食间隔很容易调整，而且喂食机能够保持食物在降落过程中是干燥的。

专门增色的食物能够保持和增强金鱼、锦鲤和其他冷水鱼的颜色。这些食物一般包括大量的虾和螺旋藻属水藻（*Spirulina platensis*），这些食物包括天然色彩作用剂，比如β-胡萝卜素。

池塘的管理

为了给鱼提供一个健康和安全的环境，池塘需要定期维护。在第一年似乎最容易发生问题，也就是在池塘稳固以前，而且这些问题一般都是由过度饲喂或积食过多引起的。日常检测和对季节变化的敏感能够帮助避免一些重大的问题。

一个维护得很好的池塘，有健康的植物和良好的水质，是任何一个花园的增光点，而且还能给池塘鱼提供一个健康的生活环境。

春季检查

由于鱼开始从它们在池塘深处度过的冬眠期中苏醒过来，它们很容易感染一些不太严重的疾病，比如细菌感染，细菌能够迅速侵蚀鱼类本来就很弱的免疫系统。在早期阶段单个鱼的详细检查会有助于疾病的诊断和治疗（见24~26页）。一旦水温升高，鱼的食欲会恢复，同时抗感染能力也会增强。食欲的大增会引起浪费物的增加，从而导致水中氨的含量升高，因此这时应及时维护和检修过滤装置。生物过滤器中的有益菌在冷水中是不活跃的，这些过滤器可能需要重新进行细菌培养。活的冰冻干燥培养菌在池塘装备供应商处可以购买到。此外，沸石可以直接从水中吸收氨等有害化学物质，在过滤器没有完全恢复功能以前也是有益的。

池塘鱼在春季末的时候开始产卵，这时新的植物生长可为池塘中的鱼、鱼卵和随后孵出的鱼苗提供水面隐蔽物。定期检查以防有鱼困在芦苇或其他植物中，或有雌鱼被精力过于充沛的雄鱼驱逐出池塘。在夏季，水温

季节性的植物护理

池塘周围的植物在冬季可能得益于一层树叶覆盖物而受到保护。而池塘内部的植物很容易受冰冻天气的袭击，因此必须在第一次霜冻前转移到室内。尽管冬季的池塘看起来会很荒凉（下图左侧），但是植物会在春季返回池塘，在夏季迅速生长（下图右侧）。

如果池塘表面有网的话在秋季清除落叶就很容易了。

的持续升高和鱼类活动量的增加会导致含氧量的降低。如果不加以控制的话，植物和水藻的生长也会降低水的含氧水平。为了保持含氧量，喷泉和其他水系统在晚上应该保持通畅，或者配备特殊的通风装置。

水藻爆发——水藻生长的突然繁盛可能是温暖天气的一个问题。把池塘周围植物上任何一个枯萎或死掉的树叶清除掉会有助于限制水藻的繁殖。

冬季的准备

池塘植物在秋季开始枯萎，积累的枝叶应该清除掉。落下的树叶是不允许积累在池塘表面的，因为它们会在水中腐烂而且会伤害鱼。用网把池塘表面覆盖起来不仅能使树叶不落在水中，而且也很容易收集树叶。

如果池塘中有病弱的鱼，或是较晚孵出的鱼，在冬季的时候应该把它们捉起来转移到室内鱼缸内饲养以保证它们能存活。当水温下降到6℃以下时，余留的鱼就开始了休眠状态，在春季之前就不需要饲喂了。在池塘的最深部分，会形成一个比较温暖的4℃左右或稍低温度的水层，池塘鱼就在这里度过冬季。如果装有潜水抽水泵

丝藻是一种丝状水藻，它们可能把鱼缠住。应该定期用棍子把它们清除掉。

浮萍生长迅速，而且会完全覆盖池塘的表面。它们很容易从池塘表面捞出来。

定期维护工作

日维护

- 检查鱼是否有疾病信号或怪异行为。
- 如果有过滤系统的话，保证它正常工作。
- 根据鱼的食欲，一天中分几次给鱼喂食，除了冬季（见19页）或很热的天气。
- 留意池塘的水面高度，水面的突然降低表明池塘的衬垫有渗漏。
- 监测氨和亚硝酸盐的含量，特别是在一个新建池塘内。

周维护

- 在生长季节，把边缘处已经凋谢的花摘掉，需要种子的除外。
- 如果蒸发量很高的话要升高池塘的水面高度，所用的水应该是去氯的。
- 检测水中的含氧量，特别是在天气热的时候。
- 检查植物病虫害情况，比如蚜虫，在合适的时候把它们从植物中清除。

月维护

- 检查池塘水中硝酸盐的含量。它不能高于50mg/L。
- 清除丝藻以保证它不会使其他植物或池塘鱼窒息。
- 预防架桥或其他装饰上的水藻扎根生长。用一个干净的刷子从木头表面扫过把它们清除。
- 观察在接近或围绕池塘的块石路面或石头台阶上是否有苔藓生长的迹象。
- 比起一开始就把池塘放养到最大容量，在春季和夏季月份逐渐增加鱼更好一些。

的话，把它固定在池塘底部15厘米以上，同时关掉水系统，比如小瀑布或喷泉，否则它会通过把较冷水层的水和下部水温较高的水混合而发生水循环，使下水层变冷。

装一个池塘加热装置有助于防止池塘表面在冬季结冰。它能够防止加热器周围的区域结冰，从而让冰层下植物体分解产生的有害气体释放出去。一旦池塘表面已经结冰，千万不要试图打碎它，因为振动波可能伤害鱼甚至产生致命危害。相反，要小心地在池塘表面放一个热锅让冰慢慢融化。

春季，在池塘的表面放一张网或用一个框架把它伸展开，以此防止疲惫的鱼受到捕食者的侵袭。各种各样的捕鸟装置对阻止鸟来说是有用的，但对阻止狐狸或猫来说是无用的。

清洁池塘

时间长了，池塘中的沉淀物增加，同时由于植物生长，不可避免地导致鱼可以利用的水域减少。以大约一年为间隔进行一次大型的清洁是不错的想法。最好的时间是早春，因为池塘在较温暖的夏季会有时间重新建立自己的系统。如果池塘内有严重的疾病发生的话，可能需要消毒。可以把一些池塘装备配件从池底移出，使这项工作更容易进行。

- 在清洁之前，把鱼抓起来并把它们放置在安全的地方。
- 用虹吸管吸或清空池塘水，转移其他生物体，比如蜗牛和蜻蜓幼虫。
- 隔离和转移睡莲和边缘植物。
- 用铁锹或铲子清除淤泥，用胶管冲水把池塘底部露出。淤泥可以覆盖在植物的根部。
- 重新把池塘充满水，加入适量的水调节剂。
- 在水温升高后把鱼和植物放回池塘。

在清洁之前**把鱼移走**，要仔细观看以防遗漏小鱼苗；把鱼转移到安全的容器内。

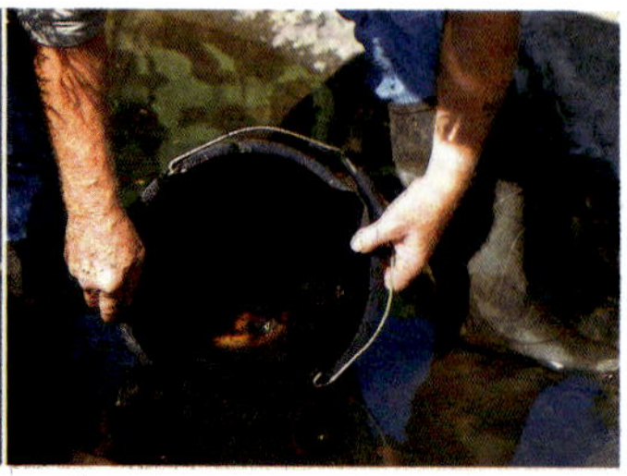

在所有的装置都复位后**把鱼重新放入**；让鱼在远离干扰的地方安居。

池塘表面可能会被水生植物堵塞（上图）。清洁池塘，减少或修剪植物并把死的植物体清除，给鱼提供更大的游泳空间，并把这个区域变得更加整洁、安全，更富吸引力（下图）。

池塘观赏鱼疾病与治疗

关注鱼类健康

定期的池塘维护和水质检测有助于让鱼远离疾病，但是即使在维护得最好的池塘，疾病还是会发生。出现问题的第一个信号可能是一条鱼浮在表面，这时要进行有效的治疗为时已晚。因此，养成一个观察鱼的习惯非常重要，喂食时间提供了一个观察鱼的外观和行为的良好时机。

一条健康的鱼显得很活跃，而且食欲良好。这条扇尾金鱼（*Carassius auratus*）是一个被细心照料的范例。

环境问题

池塘鱼的健康很大程度上受环境影响。比如说，在炎热的天气，蒸发作用能够显著地降低水平面，它能显著地增加溶解氮的消耗。同时，升高的温度会带走水中的氧气，氮和氧的双重影响可能是致命的，特别是对于大型的鱼来说。在夏季大多数这样的问题都能通过定期提高水位、增加抽水泵和过滤器等方法很容易地解决掉；这样能够改善水质，通过让水流动而增加氧的含量。在放养过密的池塘，特别是装配不太好的，会对池塘内的鱼产生很大的影响，平时水中正常的有益菌现在可能会使鱼死亡。过度饲喂是另外一个很普通的环境问题，特别是在春季和秋季比较暖和的地区；吃剩的食物在水中腐烂，产生大量的病菌。

疾病的处理

当致病细菌、真菌和寄生虫在鱼或植物身上生长时，它们可能被带进池塘。动物身体上的有害生物也可能被带进池塘，特别是从一个池塘迁移到另一个池塘的水禽。

膨胀或浮肿是一种严重的疾病，通常由真菌或细菌感染引起。作为预防要把生病的鱼隔离，但是这样并不能杜绝大量传染。

鱼鳍从内部鳍膜开始腐烂，沿着鳍延伸直到鱼体，这是致命的。在极端情况下，需要在麻醉状态下把鳍上腐烂部分剪掉。

快要死的或已经死的鱼经常会浮在池塘的表面。如果没有及时发现或留意，它们很有可能被鸟类或食腐动物带走。

鱼体寄生虫是以鱼类血液为食物的甲壳类寄生虫。当它们吸附于鱼体时很显而易见，但它们也会在水中自由生活高达两周。

生病鱼的治疗

对池塘鱼的治疗可以是针对个体也可以是整个池塘。当有细菌、真菌或鳃的问题发生时，在隔离水箱内（右）的个体治疗或注射（下）是很可取的。但是当有普遍的寄生虫感染时整个池塘的治疗就更加合适了。

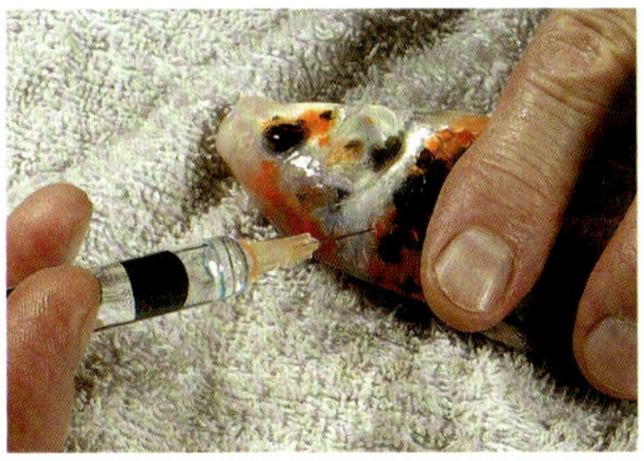

抗生素注射和简单的检查可以由有经验的养鱼者实施。但是鱼类兽医专家经常会被咨询锦鲤的问题，因为这种鱼有很高的价值。

鱼接受治疗

在一个水箱内治疗时化学药品的用药量和持续时间可以进行严格的控制。当鱼对治疗产生不良反应时也可以迅速地把鱼转移。

人的健康

- 不要让小孩子靠近池塘，即使你认为对小孩子来说是安全的。一些游泳池边的植物可能是有毒的，不能误食。
- 对池塘进行维修时要带长的橡胶手套，还要避免你的手沾到池塘水。老鼠的尿可能会污染水，可能带来威尔氏病，一种很严重的在它的早期阶段像流感的疾病。

这些有害生物在被检测到以前会繁殖同时产生严重的损害，而且消除它们是非常困难的。在26页，我们用表格列举了池塘鱼最常见的疾病及治疗对策。

如果发现一条鱼感染了疾病或寄生虫，要检查其他的鱼以确定这是池塘中普遍的问题还是单个个体患病。要防止次生感染。有时需要对整个池塘进行药物治疗，但是通常单个鱼的治疗就足够了。在把鱼放回池塘之前要对水质的各个参数进行检测；减小环境压力能够预防疾病的复发。

一些疾病，比如说能迅速传播的锦鲤疱疹病毒（KHV）是不可治的，在把新来的鱼放到池塘前进行隔离饲养是很重要的（见13页），如果池塘中的很多鱼都生病的话要咨询专家意见。

花园中的有害物

许多花园中的化学药品如果进入池塘的话对鱼类和其他生物体是有害的。这可能由水排进池塘引起的鱼类洄游导致，也可能由化学药品漂浮在池塘表面导致。如果你在池塘周围使用杀虫剂或除草剂，需要特别小心——不管是修理花园或是为宠物比如狗除跳蚤，要保证没有任何污染的风险。否则的话你很快会发现你已经损失了全部的鱼。

池塘鱼如果暴露在化学药品中的话会迅速死亡。坚决不能用软胶水管给池塘加水而是要用一个装水的容器，因为自来水中含有氯或氯胺。

颜色不太鲜艳的鱼，特别是锦鲤，生活在清水中的话有日晒的危险。对于这些敏感的物种，最好在水面上加一些掩蔽物来保护鱼。

细菌、真菌和病毒性疾病

疾病	易发群体	症状	治疗
鳍（尾部）腐烂	金鱼，特别是鳍比较长的种类，还包括锦鲤	鳍部的溃疡和损伤，带红色的条纹。特别是在条件比较差的冷水中常见	所有的杀菌药都可以治疗软曲菌病。改进水质
败血病	所有鱼类，特别是锦鲤	通常始发于浅表的皮肤损伤。这种传播导致皮肤溃疡，鱼体变红，昏昏欲睡	局部的伤口治疗。用抗生素治疗身体表层的细菌以防止细菌感染重要的器官。改进水质
春季鲤鱼病毒血症（SVC）	锦鲤、金鱼和其他鲤鱼	皮肤下层出血，身体肿胀。尸检显示肝脏和脾脏扩大，充满液体	这种高传染的过滤性毒菌疾病没有好的治疗方法。当怀疑有这种疾病发生时也许需要请兽医来。改进水质
鲤鱼瘟疫	锦鲤、金鱼和其他鲤鱼	白色肿胀在鱼体表面逐渐增多。这些可能会融合在一起形成大面积肿胀	这种过滤性毒菌疾病是不可能治愈的，但是已感染的鱼可能会自己恢复，特别是放在干净的水中防止二次感染时。改进水质
淋巴疾病	大多数流行在鲤鱼种，锦鲤也会感染	鱼体表面单一的白色肿胀有时可能会扩大或转移	这种过滤性毒菌疾病没有好的治疗方法；虽然会“破相”，但它很少引起问题，传播速度也不快。改进水质
细菌感染	所有的鱼	鱼鳍或鱼体上的很像棉线的发白区域。这些细菌通常从一个伤口处侵入	对生病的个体进行隔离药浴。同时对池塘进行多次的普通治疗。更换部分池水可能是有益的

寄生虫和环境疾病

疾病	易发群体	症状	治疗
鱼体寄生虫（*Argulus* 种类）	所有的鱼，特别是金鱼和锦鲤	在接近鱼鳍的底部可以看见半透明的寄生虫，大约1厘米，鱼经常相互摩擦以减轻痛苦	药物治疗。寄生虫可以用钳子清除掉，但是机械移除可能会导致感染。改进水质
鳃内寄生虫（*Dactylogyrus* 种类）	所有的鱼	鳃盖突然张开，鱼有明显的呼吸困难	药物治疗。小心处理受感染的鱼，因为这些寄生虫的存在威胁了鱼的呼吸
钩虫（*Lernaea* 种类）	所有的鱼	甲壳类寄生虫，长2.5厘米以下，从鱼体内侧钩住。寄生虫直接以鱼的血液为食，而且可能导致溃疡	成虫可以用钳子清除掉；自由活动的幼虫可以用稀释的药物治疗来清除
水蛭（环节动物）	所有的鱼	身体柔软的寄生虫吸附于鱼体柔软的部分，而且吮吸体液。数量多的话可以导致败血症和其他的疾病	药物治疗。胚胎是很难治疗的。这些鱼应当从池塘中转移出来，胚胎用氢氧化钙消灭
白色斑疹（*Ichthyophthirius multifiliis*）	所有的鱼	身体上布满小块的白斑，可以溃烂而且可能开始感染。鱼用身体的侧面摩擦池塘；其他的症状包括没有生机和食欲	在盐浴内治疗或其他合适的药物
鱼的窒息	金鱼和较小的锦鲤	有时由于池塘被青蛙过度产卵而导致。雄蛙错误地抓住金鱼头部附近，妨碍了鱼鳃的活动	定期检查鱼。把有青蛙抓住的鱼用网捕上来。或者把青蛙和鱼轻轻地分离

池塘观赏鱼繁殖

生殖周期

冷水鱼的繁殖是由春季水温的升高和昼长的增加引起的。在春季，昆虫和水生甲壳类也会增加，给成鱼的繁殖和鱼苗的生长提供了食物。因此生殖季节更具有指示性，而不像很多热带种类，降雨量而不是温度才是最重要的因素。

结节是鲤科鱼类，比如说朱文金，在繁殖季节生长的白色的、丘疹状的肿块。在求偶期当鱼类相互摩擦身体时结节有助于雄鱼吸引雌鱼。

你可以通过定期测量池塘中的水温来估计你的鱼什么时候可能开始繁殖，因为产卵通常发生在20℃左右。这个温度保证了鱼卵以适当的速度孵化，高于或低于这个温度5℃以上时，孵化出畸形鱼苗的可能性会增加，由于这时鱼卵会过快或过慢孵化。

一条要产卵的雌性金鱼身体更加滚圆，但它会在产卵后迅速恢复正常体型。它会在春季和夏季分几次产下共计数千枚卵。

鱼身体上的变化也预示着它们即将进入生殖状态。比如说，鲤科的雄鱼展示称作结节的白色膨胀。对于圆腹雅罗鱼、赤睛鱼、金鱼和锦鲤，结节出现在鳃盖上及胸鳍沿线，但是对于红金线，结节则沿着头部上方生长。在有些群体，比如棘鱼，雄性变得更加亮丽鲜艳来吸引

金鱼在它们完全成体以前开始变得性成熟，在它们刚刚一岁的时候就应该让它们繁殖了。

青蛙对金鱼的影响

在春季，青蛙经常会在金鱼繁殖的同一时间到花园的池塘中产卵。在极少数情况下，会导致青蛙误杀金鱼。如果一条金鱼从一只雄蛙旁边游过，雄蛙会误把鱼当作是自己种类的雌性而把经过的鱼抓住。如果青蛙抓住了鱼的头部，把鱼的鳃盖合上，金鱼会窒息，因为青蛙的抱对持续很长时间，通常几个小时。但是伤亡是双方面的，因为金鱼有时会捕食池塘中的蝌蚪（它们不吃蟾蜍，因为蟾蜍有毒）。

异性和阻止竞争对手。在所有冷水种类中，雌鱼的身体变得比雄鱼肥胖，它们由于将要产出的卵而膨胀。这时池塘中还会增加一项重要的活动，就是雄鱼不停地追逐雌鱼，经常用头撞或用鼻子碰雌鱼。

繁殖策略

冷水池塘鱼不会出现长时间的抱对；任何一对鱼的抱对都完全是短暂的。受精是在体外进行的，卵和精子同时排放到水中。大多数池塘鱼类，包括金鱼和锦鲤都是卵的随意挥霍者。它们随意地排放黏性的卵，或者沉到池底或者粘到水生植物的茎和叶子上。只有一小部分的卵能够受精，所以鱼用产出大量的卵来补偿——以锦鲤为例，产卵高达40万枚。

产卵后，排卵者不会承担任何诸如孵卵或抚育后代的责任，但是有一些鱼类会为保证它们的幼体能够最大量的存活花费一定的精力。比如说胖头鲦鱼（见62页），为了躲避捕食者会把卵产在洞内或悬挂在岩石上，同时雄性棘鱼对它们的卵和新孵出的鱼苗都进行保护性观察。

鱼苗的早期生活

冷水鱼在春季孵化是因为这时的条件是一年中对幼鱼的存活最为有利的。通常被养鱼者痛恨的水藻在春季也开始繁盛，它们对于幼鱼的存活是至关重要的，因为它们为幼鱼提供了早期的食物。幼鱼不仅吃藻类，也吃生活在它们周围的极小的纤毛虫。

蜻蜓幼虫、水蚤和很多其他的水生无脊椎动物——不包括鱼（也不包括鱼的父母）——很容易以幼鱼为食。因此，幼鱼最开始的几周大部分时间隐藏在水生植物中间，很少远离植物的保护。依据鱼的种类和池塘中水的温度，幼鱼要达到性成熟可能要花费一到几年时间。

金鱼的卵和鱼苗

金鱼卵的孵化期和鱼苗的生长速度都依赖于水温；通常情况下，水越温暖，幼鱼的生长速度越快。孵化出的仅仅0.5毫米的鱼苗，首先从它们的卵囊中吸取营养。几天之后它们开始自由游泳并积极寻找食物。

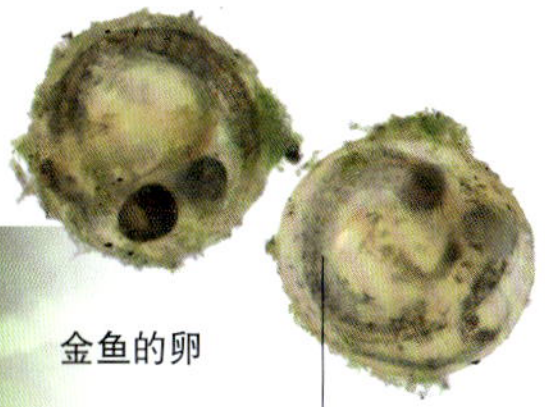

在上面的特写镜头中可以看到**金鱼的胚胎**蜷缩在卵的内部上方。卵通常依赖于给氧植物（左侧），通过它们黏性的膜固定在一个位置。

新孵出的金鱼苗隐藏在植物间大约两周。到它们浮现的时候，它们用黑色的身体伪装自己，适应黑暗的环境。

金鱼的完全着色通常要经过6个月或更长的时间，就像你在图上可以看到的这些银绿色的亚成体。在少数情况下，个体完全不着色而仍然保持黑色，而有些在孵出后的两个月内完全变色。

繁育

把它们放入自己的鱼池后，大多数冷水鱼都很容易饲养。但是，在一个密度过大的池塘中，一个成功的繁殖要在这一年晚些时候才能察觉到，这时鱼苗已经较大而且能看到它们在亲鱼旁边觅食。喜欢对鱼的繁殖习性予以更多控制的养鱼者经常进行人工繁殖。

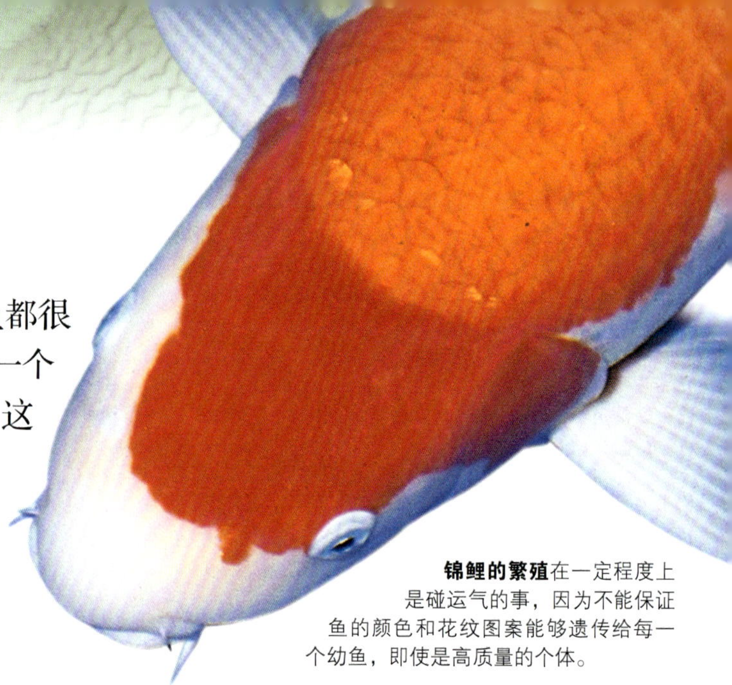

锦鲤的繁殖在一定程度上是碰运气的事，因为不能保证鱼的颜色和花纹图案能够遗传给每一个幼鱼，即使是高质量的个体。

当卵的随意挥霍者，诸如金鱼和锦鲤被放养在一起时，它们能同时达到繁殖条件并且一起产卵。在这种情况下，使群体中雄性的数量大于雌性的数量能够保证卵有较高的受精率。如果你想同时繁殖特别的鱼并弄清它们的谱系，你需要把你挑选的父本单独饲养。为它们准备一个专门的繁殖池塘也是一个不错的想法，这样在产卵后你就可以把成鱼放回到主池塘中，单独饲养幼鱼。产卵后，成鱼可能筋疲力尽并侧浮在池塘的表面。它们会迅速恢复，但是要检查一下确保它们的鳍在产卵中没有受到任何损伤，否则会导致感染。

如果你选择在一个水箱内孵化和繁殖幼鱼，不管是在室外还是室内，都要用一个膨大的海绵过滤板以提供柔和的环境。刚开始的时候喂给它们纤毛虫或商业替代品，然后喂食粉末状的薄片。当它们大约2.5厘米长而且较大不会被吃掉的时候把它们放到池塘中。在室内繁育的鱼不应该在寒冷的天气放入池塘，因为较冷的池塘水的冲击可能会使它们死亡。如果有必要的话，把它们放在室内一直到晚春，这时会温暖一些。

人工去膜

一些金鱼和锦鲤的饲养者不喜欢让他们的鱼自然产卵。相反，一对雄鱼和雌鱼被注射脑垂体腺液以促使它们达到繁殖状态。然后用人工去膜的方法（用手按摩鱼的下部）把卵和精液分别从雌鱼和雄鱼体内排出。卵和精液随后被一起放到尿素和无碘食盐即被称为Woynarovich's溶液的混合物中，它能除去卵的黏性外膜促进受精。最后，用丹宁酸溶液冲洗卵以防止受到真菌袭击，并把它们放到室内鱼缸孵化。运用人工去膜，高达90%的卵都能受精，相比之下自然产卵仅为50%。

金鱼的繁育

金鱼，像很多其他卵的随意挥霍者一样，能够被诱导把卵产在诸如产卵刷或产卵布这样的人工媒介上，这些媒介可以被转移到另外的地方，从而卵就可以安全孵化了。成鱼会在少数几周内再次产卵，特别是它们一直都被喂食诸如红蚯蚓这样的富含营养的活食时。

产卵布比产卵刷要小很多，比起池塘来说更适合于鱼缸。

❶ 把产卵刷放置在池塘内

确保有足够的空隙让鱼游过产卵刷并产卵。产卵通常发生在上午早些时候太阳开始把水变暖的时候。

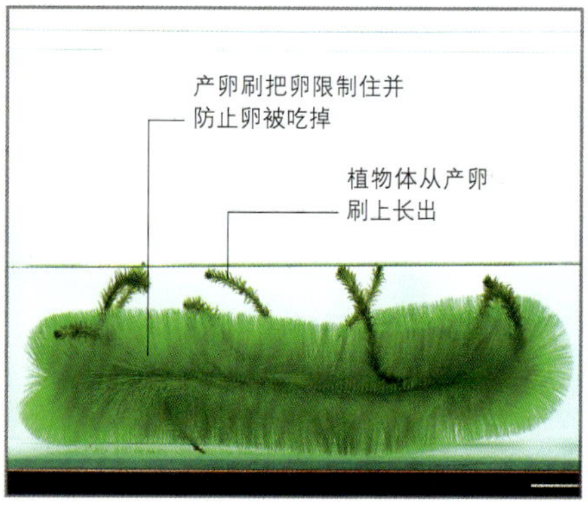

❷ 把产卵刷转移到室内鱼缸里

在鱼产卵后，立刻把产卵刷转移到孵化缸内。把它淹没在去氯的水中，保证卵不会变干。

商业锦鲤的生产

目前，商业性锦鲤繁殖的方法在不同的国家间有很大的差异，但是在日本它们仍走相当传统的路线。当一条雌锦鲤 5岁的时候会被挑出用以繁殖。把它和2~3条雄鱼放到一个大网内，网的底部放了像产卵草这样的人工媒介。用较多的雄鱼来保证雌鱼的卵能尽可能多地受精，这是很重要的，因为在70000个鱼苗中可能只有一只拥有最高的品质。在锦鲤产卵后，把卵移到充分充氧的孵化池塘，把池塘进行药物预处理以减少卵被真菌袭击的危险。

5天后鱼苗孵出，在最长24小时内开始自由游泳。然后把它们移到培养池内。成功的锦鲤繁殖依赖于残忍的评估，这个过程在鱼大约1月龄时开始。它们被小心地捕捉和检查，任何看上去有残缺的或有不理想斑纹的都被剔除，为余下的锦鲤留下池塘内更大的生存空间。第二次更进一步的剔除在夏季。在秋季开始的时候，锦鲤的评估到了最后的一次。最好的个体被放进养殖场作为繁育的母体，并放在室内过冬，群体中的剩余部分被出售。

选择的过程是十分棘手的，因为有大量的鱼。在如此早的发育阶段识别出最好的个体需要很多年的经验。

锦鲤的鱼苗养育在大的、多烂泥的池塘中，池塘中事先加了鸡粪以促进微型纤毛虫的生长让鱼苗去吃。充足的食物和宽敞的环境保证锦鲤的幼苗尽可能地发育。

大的锦鲤被捕捉进坚固的、很深的网中以减少不必要的损伤

在冬季把作为繁殖的母体的锦鲤移入室内能够帮助它们保持食欲和生长速度。锦鲤必须且只能用湿润的手触摸，用以保护它们脆弱的黏液膜。

锦鲤的展览

锦鲤的展览对饲养者、商人及有此类爱好的人来说是很重要的场合。鱼按大小的不同分类展览。最小的代表性分类组是20厘米长以内的，最大的组为超出80厘米的。为了使判定工作更加简单，所有的鱼都在相同的蓝色大缸内展出，而且用一个浮动的标尺来测量以保证尺寸的正确性。判定工作不是把这条鱼直接地同其他鱼相比较，相反评估是针对在众多的锦鲤的特别品种中什么被认为是最理想的。颜色、图案、身体形状、皮肤质量，甚至是游泳方式都要考虑。把锦鲤运去展览和从展览运回都需要极大的细心，因为任何的瑕疵，比如一个鱼鳍的裂开或由于痛苦而导致的皮肤异常变红，都可能使一条锦鲤丧失成功的机会。

在日本的一个展览上裁判在仔细观察两条锦鲤的品质。锦鲤在俯视的环境中长大，所以鱼通常不是被抓起按照判定过程逐个部位检查，而是很简单地在缸内评估。

池塘观赏鱼博览

金鱼

很显然，饲养范围最广泛的鱼种——金鱼的身体颜色要远多于它的名字所表达的颜色。它既适应鱼缸的环境，也适应池塘的环境。尽管不同的身体颜色有一系列的不同用途，但是并非所有的金鱼都能常年适应室外的温度。金鱼是鲤科中的一员，但是和这一科中的其他鱼类不一样的是，它的嘴部没有触须，也正是这个特点，使得我们能够轻易地将它们和鲤鱼区别开来。

金鱼（*Carassius auratus*）不管是在鱼缸还是池塘中都是非常的温顺。它们可以存活40多年，这远长于许多其他池塘（或者鱼缸）中饲养的鱼类。

Carassius auratus

普通金鱼

它不仅是金鱼中最流行的品种，而且也是最有利用价值和最有潜力的一个品种。虽然它们颜色繁杂，但是固有颜色（本来的颜色）的品种是饲养者的首选品种，上品金鱼体型匀称，甚至于身体的上下曲线几乎对称。短而宽的尾柄以及略微分叉的尾鳍使得普通金鱼成了一个强健的泳者。这些金鱼能够在结冰的池塘中短期存活，但前提是要有足够深的水来保证它们不被冻在冰中。

红白金鱼这种金鱼身上的图案多变，白色部分散发着银光。

白金鱼这个品种有时候也被称为珍珠，虽然不如其他品种受欢迎，但是它们却比其他品种更耐寒。

普通金鱼。这种鱼的体色范围是：从黄色到亮橘黄色一直到深血红色。在一个适宜的环境中，它们可以长到60cm长。

产地：亚洲，中国南部水域。

体长：差异很大，生活于池塘中的一般都能超过30cm。

食性：鱼食（薄片状或颗粒状）或者活饵。

水质：水温10~25℃，中性（pH 7.0）。

性情：相对群居，但不成群。

Carassius auratus

彗星

这个优雅的品种起源于19世纪后期的美国。它的特征是身体苗条且为流线型、深叉状尾鳍完全展开时比身体还长。彗星的颜色多样，其中最受欢迎的是，这种金鱼的全身以及鱼鳍上都有深红色和白色的斑纹。在自然界中，彗星本性活跃，因此如果室内饲养该鱼的话就需要一个宽敞的鱼缸。虽然生活在冷水中时，它们的鱼鳍容易充血，但是它们依旧能够在池塘中茁壮成长。

彗星具有着非常大的尾鳍和背鳍，有些个体还会呈现出巧克力色的斑纹。

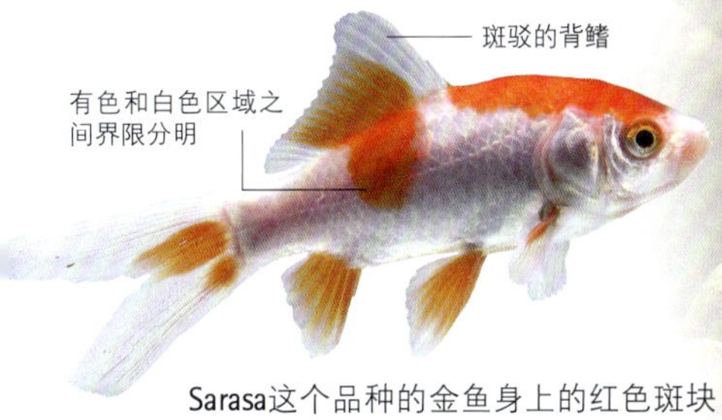

Sarasa这个品种的金鱼身上的红色斑块被橘色所取代，同时个体之间身上的图案大小不一，呈多样化。

色素沉淀和光泽

具有保护性质的鳞片是金鱼身体最外层——表皮的一部分，在这一层下面就是覆盖在脂肪和肌肉上面的真皮层，分散在这些层之中的色素使得金鱼的皮肤有了鲜明的颜色。这些色素包括脂色素和黑色素。脂色素是指浅橘红色色素和黄色色素，通常出现在上层中，而黑色素出现的位置就不确定了。如果黑色素出现在鱼鳞中，那么金鱼就会呈现墨黑色；如果黑色素出现在下层中，那么就会呈现白色（例如右边底部的蓝文鱼）；当不同的色素出现在同一区域不同层面中的时候就会呈现巧克力色或者古铜色；当金鱼缺少色素时，那么就会呈现银白色。

影响金鱼颜色的另一个因素是一种被称为虹细胞的真皮细胞，一般来说，这种细胞分布于金鱼的全身，使金鱼具有光泽，例如蓝文鱼。但是在一些金鱼品种中，上层的虹细胞缺失，在这种情况下，下层的细胞就会直接影响到金鱼的颜色，其结果就是母系具有珍珠光泽，而这类个体就被描述为“有珍珠光泽的”，例如朱文金就是一种具有珍珠光泽的金鱼（见第37页）；当虹细胞完全缺失的时候，那么这种金鱼就会毫无光泽，比如图上方的龙睛。

产地：亚洲，中国南部水域。

体长：差异很大，生活于池塘中的一般都能超过30cm。

食性：鱼食（薄片状或颗粒状）或者活饵。

水质：水温10~25℃，中性（pH 7.0）。

性情：相对群居，但不成群。

起源和祖先

金鱼起源于鲤鱼，大约1700年前，中国就开始饲养金鱼了。第一次记载有橘色斑纹的鲤鱼可追溯到公元300年，但是直到公元800年的宋朝才开始流传开来，这时候人们才开始以观赏为目的来饲养鲤科的彩色鱼种。金鱼的特征和其他艺术形式（比如陶瓷）一样，具有明显的东方文化气息，它可能会展现整个东方文化发展的痕迹。

金鱼的古代种系特征依旧在现今的多种品种中得以体现，比如17世纪培育的品种——龙睛，有光泽和多种颜色。现今品种中的不同体型和尾鳍形状也开始于17世纪早期。

16世纪金鱼被流传到日本，那时候的许多品种，目前还在被饲养着，但是直到18世纪，金鱼才被流传到西方，此后就开始被疯狂地追捧，成为了欧洲贵族阶层饲养池塘鱼的首选，它们被饲养在豪华建筑里的装饰碗状物中。令人惊讶的是直到1874年，金鱼才被传播到北美洲，然后它们同样被快速地流行开来，而且15年后就建立了美国第一个商业性的金鱼饲养场。

Carassius auratus

朱文金

这个受人欢迎的品种在外观上和普通金鱼相似，尤其是伦敦朱文金。它的体型和普通金鱼相似，唯一的区别是虹细胞的排列形式，这个特殊的品种是20世纪20年代期间在伦敦培育出来的，而与此同时美国的爱好者们已经培育出了长尾巴的美国朱文金了。在这种情形下，位于英国西部的布里斯托尔养鱼爱好者协会在将这两个品种的金鱼杂交后得到了布里斯托朱文金。这个品种非常有特色：尾鳍分裂，且鳍端大而形状多样，但不下垂。朱文金有色部位的形状变化很多，但是相对于普通金鱼来说它的橘色区域要淡一些，也有可能出现带有蓝色色晕的黑色斑点，这个蓝色色晕从浅蓝色一直渐变到蓝紫色。当朱文金的黑斑接近整个身体的四分之一的时候，它将是非常迷人的，但是在池塘中，这类朱文金就没那么突出了，除非池塘中的水非常清澈。

伦敦朱文金这个品种是朱文金中最普通的一种，它的尾鳍类似于普通金鱼。

布里斯托尔朱文金这个品种朱文金的尾鳍是圆形的。爱好者们致力于确定这个品种和其他品种的金鱼区分标准。

美国朱文金相比于布里斯托尔朱文金而言，美国朱文金的尾鳍要狭窄一些，呈锥形而非圆形。

Carassius auratus

珍珠鳞金鱼

这是一个来自于中国的古老的金鱼品种，它的特点是胖圆的身体、双尾鳍以及身体表面那些珍珠样的斑点。每个鳞片的中央都有一个白色突起，看起来就像是镶嵌了一颗珍珠。红白珍珠是这类金鱼中最普通的一种，这里金鱼中也有类似于朱文金那样有光泽的品种（见第35页）。珍珠鳞金鱼不善于游泳，因而它们常被饲养于鱼缸中，而不是池塘中，这样它那与众不同的外表才能轻易地展现给世人。

各种珍珠鳞金鱼珍珠样的斑点是这类金鱼的特点，就算是白色区域也有，同时，它们长不大。

巧克力珍珠深巧克力色的颜色变化范围可以从红棕色一直渐变到深棕色为止。

产地：亚洲，中国南部水域。

体长：差异很大，生活于池塘中的一般都能超过30cm。

食性：鱼食（薄片状或颗粒状）或者活饵。

水质：水温10~25℃，中性（pH 7.0）。

性情：相对群居，但不成群。

Carassius auratus

琉金

这个品种的特色是头后部和背鳍之间隆起，身体短小、长鳍阔尾，双尾鳍。琉金的颜色一般都比较明亮，其中深红色和白色是最受欢迎的颜色。它们身上的花纹非常匀称。巧克力色（铜色）的琉金经常被单独分成一类，称为紫琉金，尤其是在日本更是如此。紫琉金以强壮且有特点的鳍而闻名，因而对琉金的培育具有很大的价值。琉金这个名字来源于日本的琉球群岛，它们的祖先是从中国引进的。

橘白琉金既有正常的眼睛，也有大大的橘色眼睛甚至是龙睛。

五花琉金这个品种的金鱼色泽斑斓，双尾品种不太常见，但它依旧属于琉金，它常常有对比鲜明的图案。

Carassius auratus

和金

这类金鱼体表上拥有各种各样的橘色及白色图案。有色部位的颜色范围是黄色到橘红色，且布满全身，所以白色不是它们的主要颜色。紫白和金只是偶尔会出现，所以饲养者不太关注它。尽管这类金鱼的反光性一般，但是也存在具有光泽的品种（见35页）。和金的体型和普通金鱼非常相似，但是我们可以通过双尾鳍这个特征来进行辨认。它可以在自然界中生活，而且生长非常快，在池塘中，3年就可以长到20cm长。

Carassius auratus

地金

从和金培育而来的地金以其绚丽的尾巴闻名于西方。从后往前观察地金的时候我们可以看到它的双尾鳍呈"X"形。地金的躯体通常为银白色，而红色区域一般只出现在鳍和唇部。但是想要培育出这样的颜色分布以及尾鳍对称的地金是很困难的，甚至当亲代地金已经具有这样的特征时，仍需很长的时间才能培育出具有这样特征的子代。

Carassius auratus

龙睛

无光泽的黑色和胖嘟嘟的躯体是龙睛所具有的特色。这是一个眼睛像望远镜的龙睛的品系，即眼睛在头两侧凸出眼眶之外。龙睛是根据颜色从纱罗尾金鱼选育而来的（见41页）。它首先在英国被培育出来，目前全世界都有饲养。这种金鱼抵抗力不是很好，因而这种金鱼更适合饲养在室内的鱼缸中，而不是室外的池塘，尤其是越冬（寒冷地区）。相比于那些具有明亮颜色的金鱼，龙睛的颜色也有很大的魅力。

产地：亚洲，中国南部水域。

体长：差异很大，生活于池塘中的一般都能超过30cm。

食性：鱼食（薄片状或颗粒状）或者活饵。

水质：水温10~25℃，中性（pH 7.0）。

性情：相对群居，但不成群。

金鱼的喂食

由于**市场上出售的鱼食**都是漂浮类的，所以我们是在水面对鲤科鱼类进行喂食的，但是这其实和鲤科鱼类的摄食本能是相背的。和它的祖先鲤鱼一样，在自然界中，金鱼也是一种水底摄食的鱼类，它们以底层的蠕虫等无脊椎动物为食，也就是说它能通过这种本能的觅食行为来清理鱼缸中的有害成分。通过这种方法，体型较大的金鱼清理的沙砾层面积相当可观，有时它们会集中在鱼缸中的一些特殊区域，甚至能清理到下层沙砾层。也正是因为这个原因，才需要假山来保护鱼缸中植物，将这些植物被根除的可能性降到最低。当金鱼饥饿的时候，它们的这种摄食行为将会增强，甚至有时候会吃掉鱼缸中的植物。底层的挖掘行为并不等于金鱼将要产卵，但是在另外一些鱼类中这种行为则表示它们将要产卵了（尤其是多种棘鳍类热带淡水鱼）。

金鱼没有胃，它们只能将食物储存在消化管中，所以饲养者应该分多次少量喂食。每天一次的大量喂食是浪费的，而且多余的食物腐烂后将会污染水，从而导致水质变坏，而每天四到五次的少量喂食，将能很好地调节金鱼的食欲。

目前有许多不同的金鱼鱼食可供选择，有供幼鱼成长专用的鱼食，也有适合特殊品种金鱼的鱼食，也有增强金鱼某种特征的鱼食，比如增强寿星和高头（见40页）的绒球生长的鱼食。生活于池塘中的金鱼，以麦芽为食，因为在低水温的环境中麦芽比其他食物更易消化。

Carassius auratus

寿星

寿星的主要特征是没有背鳍，因而它们有着一直到双尾鳍为止的光滑背部曲线，同时它相对较长的躯干使得背部曲线的曲率较大。当寿星成年后，就会长出一个非常有特色的覆盖整个头部的绒球。绒球通常从头顶开始生长，几年后树莓样的绒球便会覆盖整个头部。这个品系金鱼的绒球比另外品系金鱼的绒球都要发达。寿星有多种颜色，其中橘色这种最初颜色的寿星是最常见的一种。这种金鱼不适应高温环境也不适应低温区域。

紧凑但宽的躯干

红白寿星（上图）这条幼鱼正在长它的绒球，特殊的鱼食能促进绒球的生长。

这条蓝寿星绒球的初始阶段

蓝寿星成年后，绒球能覆盖整个头部，环绕眼睛四周，从上往下看的时候就会觉得头部较宽。

Carassius auratus

高头

高头的背鳍使得它能够很容易和其他具有头部绒球的金鱼相区分。高头同样具有较长的躯体和良好的游泳能力，它的头部绒球（在日本将之称为*wen*）一般只出现在头顶以及延伸到眼部后面，成年个体的绒球褶皱区呈白色。这可能会被认为是一种病症，但事实上这种绒球就是鱼身体分泌的具有保护作用的黏液的聚积物。这个品系金鱼和别的具有绒球的品系金鱼一样，它的体色有时候并不稳定，尤其是黑-橘黄色的个体，有时候橘色部分会特别突出。

红盖高头这种银色的最常见的高头是相对来说比较好养的一种鱼。头部的红色图案将会成长为一个绒球。

相对较长的双尾鳍

红色但不膨大

蓝高头这个越来越受欢迎的品种，其腹部通常都具有光泽。

产地：亚洲，中国南部水域。 **体长：**差异很大，生活于池塘中的一般都能超过30cm。 **食性：**鱼食（薄片状或颗粒状）或者活饵。 **水质：**水温10~25℃，中性（pH 7.0）。 **性情：**相对群居，但不成群。

Carassius auratus

兰寿

兰寿的绒球和寿星相似，这个在日本培育的品种的祖先来自于中国，兰寿和寿星的区别是短而弧度较大的身躯。和寿星一样，并不是所有的兰寿从头部到尾部的曲线都是平滑的，有些个体的背部稍微有些驼背。它的双尾鳍也有可能只有部分分开。最好的兰寿的尾鳍和身体成90°。以头部绒球发达而闻名的兰寿是最受欢迎的日本金鱼，它主要有四个品种，均以培育者命名，占据统治地位的品种是Ishikawa兰寿，另外几个品种分别是Sakuri兰寿、Uno兰寿和Takahashi兰寿，这几个品种均有绒球，而另外的一些特殊品种则没有绒球，比如大阪兰寿，这个以起源城市命名的品种有着一个浑圆的身体，另外还有Nankin兰寿，来自于日本岛根地区的一个品种，它具有红色的鳃盖、红色的唇和鳍。另外还有一个罕见品种—Nacreous兰寿，也叫Edonishiki，它几乎没有绒球。

墨兰寿是一种颜色很深的品种，不太好养。温带地区需要在室内鱼缸中过冬。

红白兰寿成年个体的红白兰寿的绒球一直长到脸的两侧，被称为okame（一种用来表示少女的日本戏剧脸谱的名字）。

红兰寿这种兰寿所有的鱼鳍都比较短，尾鳍长得很高，绒球也是从幼鱼开始生长（如上图所示）。

Carassius auratus

纱罗尾金鱼

纱罗尾金鱼优美的鳍很容易受伤，因而这种金鱼应饲养于室内特殊鱼缸中而不是池塘中，并且鱼缸中还应没有岩石这一类的障碍物。它那长长的尾鳍完全分开，因而会褶皱地悬挂下来，背鳍的高度和它的体高非常地匹配。纱罗尾金鱼身体的整体形状更接近于圆形而不是长形。

臀鳍也是一对，而且也相对较长，当金鱼游动的时候这对臀鳍就会垂直地漂荡着。眼睛一般都是正常的眼睛，而某些个体中出现的龙睛是非正常的。它是18世纪末美国费城饲养者从琉金培育得到的。

青铜色纱罗尾金鱼纱罗尾金鱼有各种各样的颜色，包括这种青铜色的幼鱼。有些幼体就有长长的鱼鳍。

红盖纱罗尾金鱼这种纱罗尾金鱼头顶有个显著红色区域，鱼鳍半透明。

五花纱罗尾金鱼有光泽的图案（见35页）是五花纱罗尾金鱼主要的看点，黑色条纹也经常出现在鱼鳍上。

产地：亚洲，中国南部水域。 **体长：**差异很大，生活于池塘中的一般都能超过30cm。 **食性：**鱼食（薄片状或颗粒状）或者活饵。 **水质：**水温10~25℃，中性（pH 7.0）。 **性情：**相对群居，但不成群。

Carassius auratus

扇尾

这种金鱼的名字来源于它那特殊的坚硬而不下垂的双尾鳍，背鳍也很大，典型扇尾的背鳍达体长的三分之一。它是琉金近缘种，但和琉金不同的是它背部光滑没有隆背。和其他双尾鳍种类相比，扇尾体型较长且不圆。扇尾体色非常多，并且存在龙睛品种。适应多种环境，包括池塘和鱼缸。

红扇尾这是最受欢迎的金鱼之一，但它们的鱼鳍变得粗糙时，就意味着饲养环境过差。

闪光扇尾这种扇尾虽然不常见，但是它那淡蓝的底色、橘铜色的斑纹以及黑色的斑点非常地吸引人。

Carassius auratus

蝶尾金鱼

这种金鱼从上看的时候，其尾鳍舒展如蝴蝶的翅膀。品质优良的个体尾鳍大而不下垂、鱼鳍紧凑且圆润而非锥形。蝶尾金鱼头部无装饰物，但是这个品系中也有龙睛品种。

从一个卵发育而来的蝶尾仔鱼的眼睛有可能是一只正常眼，一只龙睛，但是这种金鱼却不受欢迎。蝶尾的体色非常多，虽然它也需要像其他特殊品种一样小心看护，但是它相对易于饲养，不过千万不能将它们置于温度过低的水中。

五花蝶尾金鱼这种蝶尾金鱼吸引人的地方是它具有光泽。

熊猫蝶尾金鱼这种金鱼的体色为黑白两色，且界线分明。

紫蝶尾金鱼较深的体色是这种金鱼的主要特征，有时也被称为铜色蝶尾金鱼或者金属色蝶尾金鱼。

产地：亚洲，中国南部水域。 **体长**：差异很大，生活于池塘中的一般都能超过30cm。 **食性**：鱼食（薄片状或颗粒状）或者活饵。 **水质**：水温10~25℃，中性（pH 7.0）。 **性情**：相对群居，但不成群。

池塘和鱼缸中饲养的金鱼

在繁育条件下，雌鱼的鳃板上会出现白色凸起，这应该不会和白色病斑相混淆，因为白色病斑会扩散到全身。

这些白色凸起会延伸到胸鳍边缘

金鱼能在池塘或者鱼缸中繁殖。在室外，金鱼一般在天气暖和的早晨产卵，雄鱼追上雌鱼后就会待在雌鱼的旁边来鼓励雌鱼产卵。由于在金鱼可能要产卵的时候，会经常浮出水面，所以这时候在池塘上面盖个网是一个明智的选择，因为这个时候金鱼容易受到一些捕食者的攻击，比如猫、鹭和海鸥。

在室内饲养金鱼的时候，推荐使用特殊的繁殖缸，否则金鱼会将自己产的卵全部地吃掉。在水生植物茂盛的水池中，水生植物丛能够提供足够的氧气，从而使鱼卵尽可能地存活下来进行孵化。雌鱼每次能产下500个微小的卵，鱼卵接触水后就会膨胀变大，然后开始下沉。这些具有黏性的鱼卵很容易粘附在水草叶或者其他物体上。鱼卵产下后应该立刻受精，这是至关重要的，如果等鱼卵吸水变大后再受精就来不及了。

未受精的鱼卵会受到真菌的感染，受精卵在20℃的水温中需要孵化4天，如果水温为10℃的话则需要孵化两周，这将会使受精卵受到真菌感染的可能性增大。当鱼缸中饲养的仔鱼能够自由游泳的时候，应该用仔鱼专用鱼食进行喂养。如果是在池塘孵化的话一般就不需要添加增补剂了。

Carassius auratus

望天

根据眼睛形状的多种不同类型来选择金鱼品种，这也是金鱼培育的一种方法。望天的眼睛非常有特色，它并不像绝大多数的金鱼那样眼睛位于头的两侧，而是半水平的，因而它们的视角是朝上的，就像是在看星星（这就是这种金鱼名字的来源）。这种鱼刚孵化成仔鱼的时候，眼睛是正常的，但在以后的生长发育过程中会慢慢改变方向。望天的体型相对修长，背部微微弯曲，没有背鳍。金属质感和有光泽的朝天龙均有饲养。

橘色望天 在望天中，橘色是一种普通的颜色，眼睛大小均匀且对称。

望天球 这是一个比较特殊的品种，它具有望天眼，同时鼻间隔变异呈绒球状（见对面页）。

Carassius auratus

水泡眼

这个品种的特征是眼睛下面有一个巨大的水泡样的囊。和望天一样水泡眼体型修长无背鳍，双尾鳍。对称是这个品系金鱼最重要的特征，最理想的水泡是大小形状都一样。当它游动的时候，水泡会左右颤动，同时当它们在鱼缸底部觅食的时候水泡会受到挤压。一条优秀的水泡眼，它的水泡的宽度应和身体相协调。水泡眼只适合在鱼缸中饲养。养鱼池中应该尽量减少对水泡有威胁的物体，同时给它们提供足够的游泳空间，鱼缸中不应该有假山，水草也应该被限制在鱼缸的边缘。水泡囊一旦被刺破，就会瘪掉。

橘色水泡眼 这种水泡眼金鱼的水泡有多种颜色，有时水泡上血管会使水泡呈现淡红色。

黑水泡眼 豆状水泡的颜色和身体的颜色非常协调。

五花水泡眼 这种水泡眼金鱼的水泡通常是透明的，但是有些个体也会出现橘色或者蓝色的斑点。

产地： 亚洲，中国南部水域。
体长： 差异很大，生活于池塘中的一般都能超过30cm。
食性： 鱼食（薄片状或颗粒状）或者活饵。
水质： 水温10~25℃，中性（pH 7.0）。
性情： 相对群居，但不成群。

Carassius auratus

龙睛金鱼

这种金鱼以一对夸张的凸出的眼睛而得名。上品龙睛的眼睛大小均匀，一般来说颜色和头部颜色一致。鱼身短而圆，尾大而长是这种金鱼另外的典型特征。当龙睛和其他正常眼金鱼交配后得到的将是正常眼的金鱼，但是一些子代中携带了龙睛金鱼的基因，所以当两条携带龙睛金鱼基因的金鱼交配后得到的金鱼就会小几率地出现龙睛特征。

龙睛金鱼以龙睛的颜色来划分品种。

黑金龙睛它们看起来就像在凝视。

Carassius auratus

绒球金鱼

和别的金鱼不一样的是这种金鱼的鼻端膨大。这种金鱼以绒球而闻名，绒球的颜色一般和环境颜色相匹配或者完全不一样。虽然鼻端绒球要比其他种类金鱼大得多，但是大小合适的绒球对于这类金鱼来说是非常重要的。绒球这个特征可以引入其他品种中，比如著名的高头、寿星和兰寿。在自然界中头顶有绒球的金鱼并不罕见。

红鹊绒球这个品种的金鱼绒球颜色为亮橘色，再加上黑色的头部，使得它的颜色看起来更亮。

橘色绒球金鱼绒球的颜色和大小都是多样化的。

产地：亚洲，中国南部水域。

体长：差异很大，生活于池塘中的一般都能超过30cm。

食性：鱼食（薄片状或颗粒状）或者活饵。

水质：水温10~25℃，中性（pH 7.0）。

性情：相对群居，但不成群。

锦鲤

很少有影响力比锦鲤大的鱼类。虽然它们更适合生长于日本，但是目前大量的观赏锦鲤已经在西方被饲养和追捧。锦鲤之所以受欢迎，因为从上面看的时候，我们能够欣赏到美丽的颜色和图案。这使得人们致力于不同品种锦鲤的培育，许多名贵的品种都价值千金。为了完整地展示这种迷人的池塘鱼，饲养这种鱼的水必须清澈可见，因而饲养锦鲤的水通常都要经过过滤，而且水中的水草很少或者没有。

在评定锦鲤品质的时候，专家不仅仅关注它的颜色和图案，而且还关注它所有的身体特征，包括体长和体宽。

了解关于锦鲤的术语

不同品种的锦鲤是极易混淆的，一部分原因是因为这涉及在西方用传统的日本描述方法来进行描述分类，有的品种甚至是别的国家培育的。因而引入一些有关锦鲤的基本的术语知识是非常有必要的，比如对各种颜色的描述（右面）和主要的锦鲤品种（下面）。

锦鲤品种

下面的图示展示了主要的锦鲤品种，对个体的特征进行了加亮。最受欢迎的并被称为“Go Snake”的锦鲤是指昭和三色、红白和大正三色。品种的前缀“Hikari”是指有光泽的即整个鱼身都能反光，而别的就是指没有光泽的。

锦鲤除了用颜色的不同来进行区分以外，鱼鳞上的图案也是区分不同品种的一个标准。比如德国鲤，它的特征就是在背鳍两侧的鳞片上有大量的有光泽的重复图案，而别的地方则没有鳞片，鳞片类型有金银鳞或者简单的银鳞。

锦鲤色谱

在日本，对锦鲤的颜色是一个重要的术语。有些品种的锦鲤因为颜色出现的地方和形状不同而有好几个名称。

颜色	名称	颜色	名称
红色	“Aka”（红底） “Hi”（红斑）	黑色	“Karasu”（黑底） “Sumi”（黑斑）
蓝色	“Ai”	黄色	“Ki”（黄色） “Yamabuki”（淡黄色）
橘红色	“Beni”（橘红底）	绿色	“Midori”
棕色	“Cha”	灰白色	“Nezu”/“Nezumi”
银色（有光泽）	“Gin”	橘色	“Orenji”
金色（有光泽）	“Kin”	白色	“Shiro”

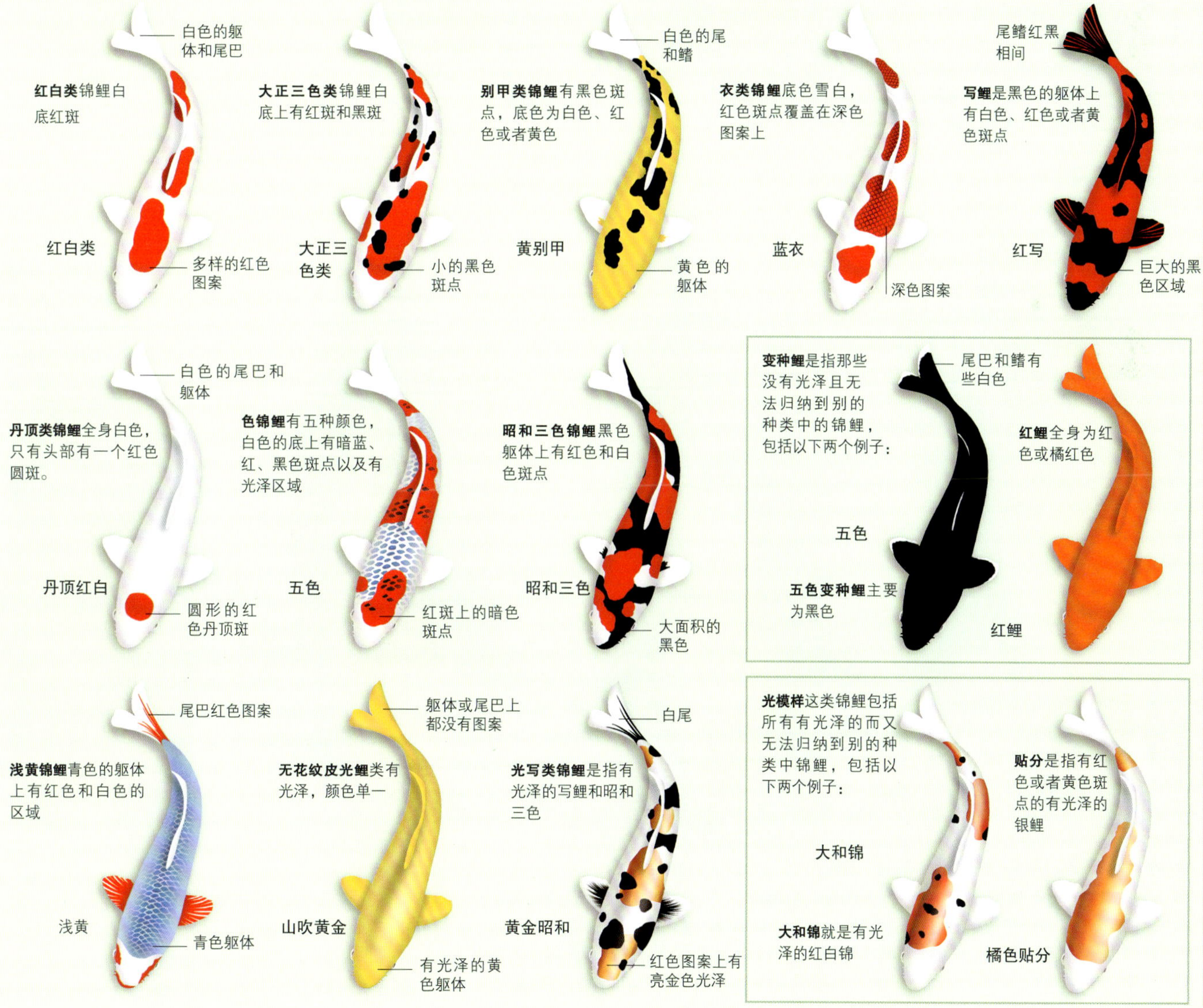

Cyprinus carpio

红白锦鲤

最早的现代锦鲤只有红白两色，红白锦鲤是目前最受欢迎的锦鲤品种之一。红白锦鲤的特点就是体表底色为银白色，镶嵌有红色（hi）斑纹。上品红白锦鲤最重要的特征是白色区域没有黄色拖尾（shimis），红色斑纹密集。红色斑纹的后边界清晰，但是前边界由于白色鳞片覆盖了红色斑纹故而不是很锐利。对红白锦鲤幼鱼的潜力进行评定是很困难的，因为这时候的鳞片是半透明的，用术语描记为“kokesuke”。红白锦鲤有六大系，均以培育者命名。

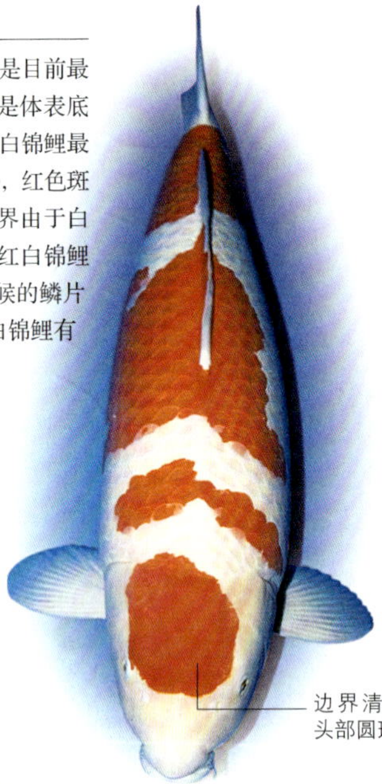

广岛红白锦鲤这是由sakai培育的一个著名品系，在sakai家族农场中培育成功。

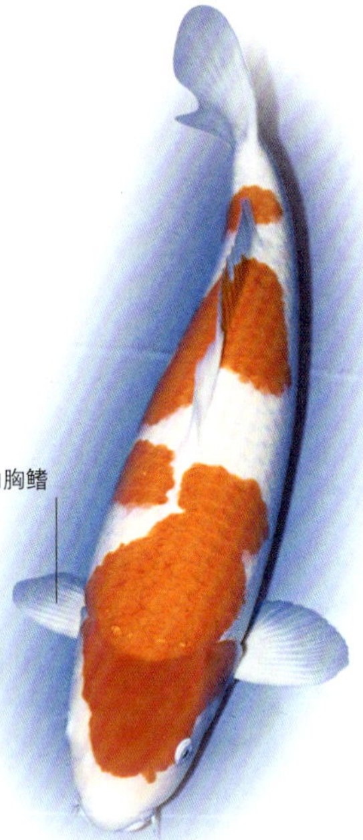

红白锦鲤这种锦鲤在日本有个非常著名的若鲤赛上获得过Kokugyo奖，是所有品种中尺寸最全的一种。

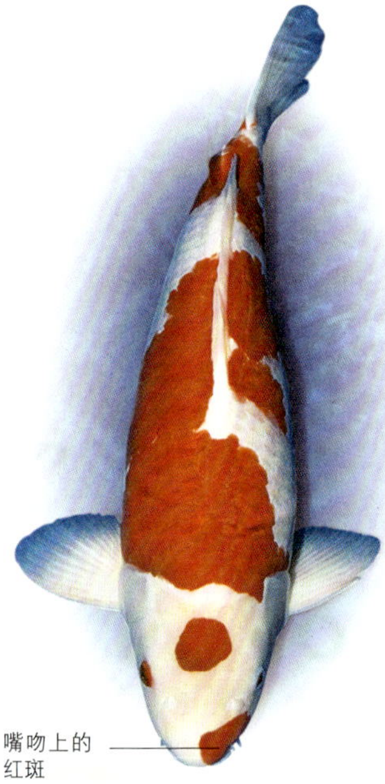

口红红白锦鲤这种由Hasegawa鱼场培育的锦鲤品系嘴吻上有红斑。

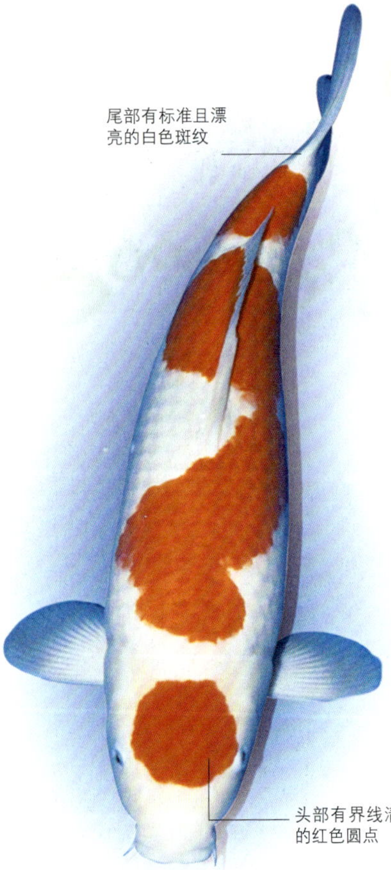

Yagozen**丸天三段红白锦鲤**头部有圆斑，身体上还有两个斑纹，它属于三段红白锦鲤。

丸天四段红白锦鲤这是一种四段红白锦鲤，因为它头部有红色圆斑，躯体上还有另外三块红色斑纹。

五段红白锦鲤这是斑纹最复杂的五段红白锦鲤，上品五段红白锦鲤的背鳍不能有斑纹。

松之助三色这个红白锦鲤品系极不稳定，它具有非常漂亮的深红色。

产地：由来自中国在日本培育而成。 **体长**：品种之间略有差异，典型的锦鲤体长为91cm。 **食性**：每个品种都有特别的食物。 **水质**：水温3~25℃，中性（pH 7.0）。 **性情**：相对群居，但不成群。

锦鲤的起源

现代锦鲤起源于黑鱼，大约公元1000年由中国传到日本。17世纪，这种普通的鱼种在本州岛新潟地区的稻田中得到了繁荣发展，当地富裕的农民将其抓来食用。19世纪早期，身体上的有色图案和模样开始出现，这时候一些农民开始选育这些特征。1914年，在东京Taisho展览会上展出的这种被称为锦鲤的色彩斑斓的鱼得到了大众的认可，并且有一部分被饲养到皇宫的护城河中，今天在那里依旧可以找到它们的后代。至此，锦鲤的养殖和培育在日本就立刻流行起来，这是日本现代锦鲤业诞生的标志。

20世纪40年代初，锦鲤被传到了美国。经过很长时间，锦鲤才在欧洲得到认可，20世纪中期锦鲤才在英国出现。此后锦鲤便获得了大量的国际爱好者，现今在很多国家都有饲养，包括美国、以色列、中国、韩国、泰国和南非。

Cyprinus carpio

大正三色锦鲤

大正三色锦鲤这个最受欢迎的锦鲤品种之一最早出现于19世纪早期，但是直到20世纪早期才开始流行起来。这种锦鲤有三种颜色，黑色斑纹浮现在类似红白锦鲤那样的红白斑纹上。上品大三色锦鲤底色雪白，红色斑纹大，黑色随机浮现。另外黑纹不应出现在头部。虽然身体上的图案不要求对称，但是整体上需要平衡，比如黑纹不应该只出现在身体的一侧。当大正三色锦鲤在两年龄之前是很难评定它的观赏价值的，在两年龄之前有些和红白锦鲤相似，而有些已经出现黑纹了，但是即使是出现黑纹了也是不稳定，这些黑纹有可能在某个时期就消失了。

传统大正三色锦鲤这种锦鲤有“kasane”黑纹，这些黑纹浮现在红色区域上。

广岛大正三色锦鲤这种锦鲤曾经获得过全日本锦鲤赛最大组的冠军，它有罕见的黑白色（tsubo-sumi）。

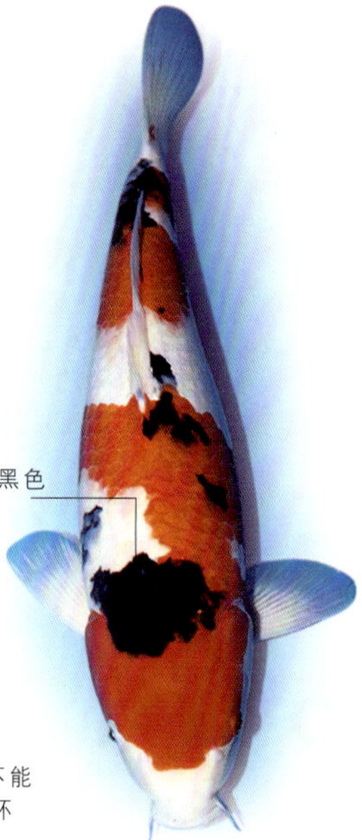

立鲤是指没有完全发育的锦鲤，需要继续发育才到成熟体。

Tosai Tataegoi大正三色锦鲤这条一年龄锦鲤的黑纹刚刚出现。

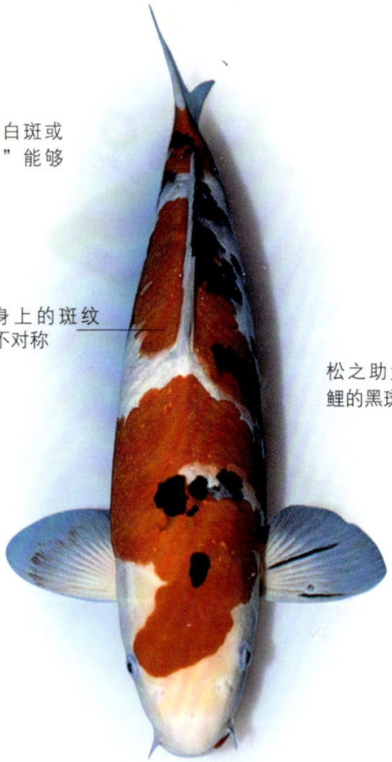

Ogawa**大正三色锦鲤**这种锦鲤的胸鳍上有黑色条纹而不是黑色斑点。

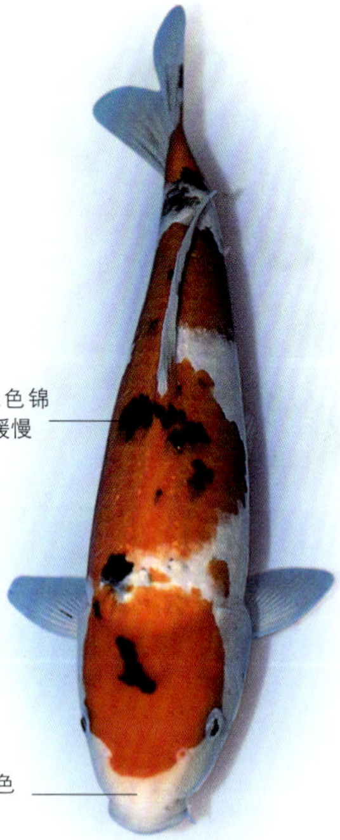

松之助大正三色锦鲤这是最著名的大正三色锦鲤之一，幼鱼比较苗条，成鱼则比较宽。

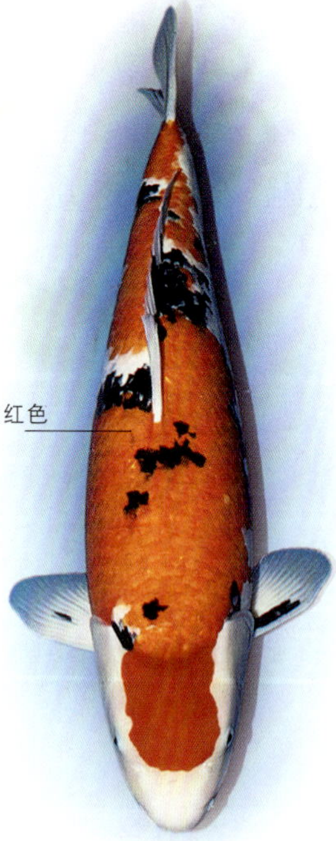

Torazo**大正三色锦鲤**这个品系不稳定，大正三色锦鲤是以培育者Torakichi Kawikame的父亲的名字命名的。

产地：由来自中国在日本培育而成。

体长：品种之间略有差异，典型的锦鲤体长为91cm。

食性：每个品种都有特制的食物。

水质：水温3~25℃，中性（pH 7.0）。

性情：相对群居，但不会群集。

Cyprinus carpio

别甲锦鲤

白底、红底或黄底上有黑斑的黑光称为别甲。白别甲锦鲤鱼体底色洁白其上有黑斑，是别光中最普通的一种。这个品系的锦鲤有自然种，比如银鳞，上面有些微小的黑斑和称之为“Doitsu”的无鳞斑。另外，别甲锦鲤还经常用来培育大正三色锦鲤。上品别甲锦鲤的头部不能有黑纹。

白别甲锦鲤这种锦鲤和大正三色锦鲤很相似，但是身上没有红色斑纹。

Cyprinus carpio

衣锦鲤

“Koromo”这个名词可以翻译成“穿……颜色衣服的（robed）”的意思。这种锦鲤的特征是在原来色彩的基础上，再套上一层类似外衣的色彩。

这个特征颜色不能延伸到白色区域，并能随着时间慢慢地变多。五色锦鲤，在西方属于衣锦鲤，但在日本则被划分到变种锦鲤中（见48页）。

蓝衣锦鲤这种锦鲤就好像是有光泽的蓝色鳞片浮现在红白锦鲤的红斑上。

Cyprinus carpio

写鲤

写鲤是指黑锦鲤身上有白斑（白写鲤）、红斑（红写鲤）、或者黄斑（黄写鲤）。这种锦鲤有时候会和别甲锦鲤（见左边）相混淆，但是这种锦鲤的黑色斑纹可以延伸到侧线以下和头部。白写鲤是写鲤中最普通的品种，而黑白黄写鲤则是一个极其罕见的品种。

白写鲤这个品种的特征是头部和躯体上的黑斑和白斑对比鲜明。

Cyprinus carpio

丹顶鲤

名字来源于丹顶鹤（Grus japonensis）的日文名“Tancho”，头部有一个鲜艳的红斑，由于它的图案类似于日本国旗，所以在日本这种锦鲤非常受欢迎。头部的红斑圆且居中，身体其余部分则没有红斑。遗憾的是完美的丹顶鲤是非常难培育的，同时上品丹顶鲤价值昂贵。目前身上图案有微小偏差的丹顶鲤也被人们所接受，尤其是这些斑纹匀称的丹顶鲤更是如此。丹顶红白锦鲤常用于培育丹顶鲤。

丹顶大正三色锦鲤这种锦鲤有明显的黑白别甲模样，同时头部有红色丹顶斑。

丹顶红白锦鲤这种优美的锦鲤的特点是鱼身底色雪白，头部有一边界清晰的红色丹顶斑。

丹顶昭和三色锦鲤昭和三色锦鲤头部黑色部位有一红色丹顶斑。

产地：由来自中国的鲤鱼在日本培育而成。

体长：品种之间略有差异，典型的锦鲤体长为91cm。

食性：每个品种都有特制的食物。

水质：水温3~25℃，中性（pH 7.0）。

性情：相对群居，但不会群集。

饲养及营养

锦鲤为杂食性鱼类，动物性或植物性饵料都可喂食，一般来说它们都在池塘底部觅食。嘴部两侧的口须是感觉器官，能帮助锦鲤寻找食物，比如底土层的蠕虫。另外，锦鲤也能用它的颌来有效地挖掘一些食物，但是这种行为可能会破坏池塘中的植物。

锦鲤颌的柔韧性相当好，能够将非常大的食物一口吞入嘴中。锦鲤咽喉后部有牙齿样的结构，在食物吞咽前，锦鲤用该结构来咀嚼食物，使得食物更易消化。锦鲤没有用来储存食物的胃，所以每次它都只能消化少量的食物。食物被吞咽后直接进入肠部，并在那里吸收食物中的营养，然后排出体外。成年锦鲤的肠是体长的2到3倍，幼年锦鲤的肠则比较短。锦鲤的食物中，需要相当高的蛋白含量，从而保证营养处于正常水平。

Cyprinus carpio

光模样锦鲤

光模样锦鲤包括各种有光泽的锦鲤，有多种颜色，但不包括光写类锦鲤（见54页）。它包括有光泽的红白锦鲤和大正三色锦鲤，也包括受欢迎的贴分锦鲤，即有光泽的银鲤上浮现橘色或黄色斑纹。这种有光泽的吸引人的锦鲤最早出现于20世60年代，而它具有光泽也就意味着在水中能更好地被人们所看见。但是深颜色的色彩会使反光鳞片的光泽减弱，所以红色的光泽弱于橘色的光泽，而黑色鳞片则表现出一定的灰色。

德国光模样锦鲤这种黄银锦鲤背鳍两侧有匀称的反光鳞片。

德国孔雀这种孔雀锦鲤身上有大面积的红色斑纹，背部有光泽暗淡的反光鳞。

大和锦这种锦鲤就是有光泽的大正三色锦鲤，有令人喜爱的大面积的红色、黑色斑纹。

Cyprinus carpio

五色锦鲤

名字来源于这种锦鲤有五种颜色：纯白、红色、亮蓝、暗蓝和黑色。有的品种甚至会出现第六种颜色，当蓝色鳞片覆盖在黑色斑纹上的时候，就会出现紫色阴影。这类锦鲤有许多品种。传统品种的颜色较暗，但是近年来，培育出了许多色彩鲜艳的品系。现在，五花锦鲤属于衣锦鲤，但是在传统分类上它属于变种锦鲤。

五色锦鲤这种锦鲤有浅黄血统，背部有网状的蓝鳞模样。

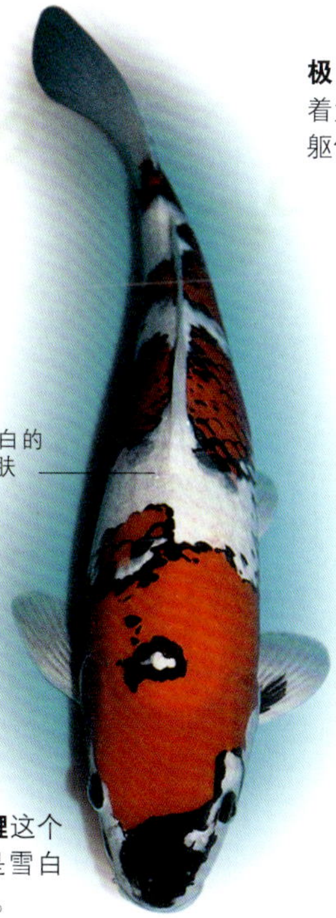

Polo Nippress**五色锦鲤**这个不稳定品种的特点是雪白的皮肤上有网状模样。

极品五色锦鲤这种锦鲤有着大范围的红色网状模样，躯体上有少量白斑。

产地：起源于日本，但培育由来自中国的鲤鱼在日本培育而成。

体长：品种之间略有差异，典型的锦鲤体长为91cm。

食性：每个品种都有特制的食物。

水质：水温3~25℃，中性（pH 7.0）。

性情：相对群居，但不会群集。

Cyprinus carpio

光写类锦鲤

这类锦鲤的特点是有光泽，有写鲤（见51页）和昭和三色锦鲤（见57页）的模样。光写类锦鲤通常有颜色鲜艳但比较小而精致的模样。鳞片的光泽能被深色所减弱，比如黑色斑纹没有光泽且不鲜明。颜色单一的光写类锦鲤品种（见下面）来自于写鲤和昭和三色锦鲤。

金色昭和三色锦鲤这种光写类锦鲤模样多样，红色和白色斑纹都比较苍白。

金黄色写鲤这种吸引人的锦鲤金色和黑色对比鲜明，且身体两侧均有黑斑。

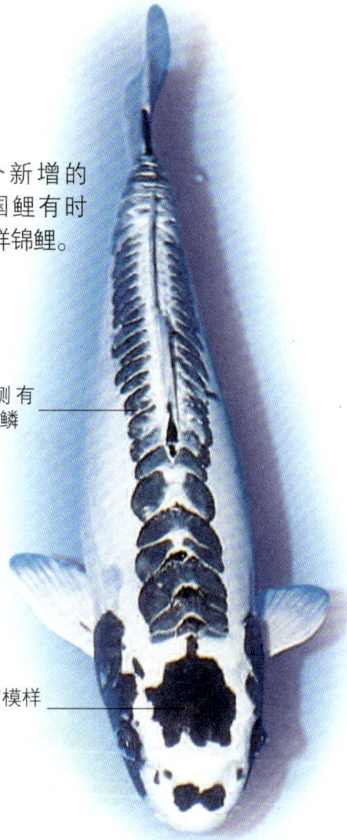

Kikokuryu这是一个新增的光写类锦鲤，德国鲤有时候也被划归于光模样锦鲤。

Cyprinus carpio

无花纹皮光鲤

这类锦鲤有光泽，色彩单一。它们是背部有金色条纹的黑鱼的后代，1921年发现于yamakoshi地区。Aoki家族最先开始对这个品种进行选育工作，并且在25年后首次得到了颜色单一的皮光鲤。由于无花纹皮光鲤在池塘中观赏价值较高，容易驯服且生长快速。

山吹光鲤上品无花纹皮光鲤，比如这种黄金皮光鲤，有强健的肌肉，但没有脂肪，同时还有非常漂亮的鳞片。

Choguro Purachina例如白金无花纹皮光鲤就是有光泽的白锦鲤。

Cyprinus carpio

浅黄锦鲤

这个种系清晰的品种，其祖先可以追溯到160年前，这个品种的主流颜色是背部为蓝色鳞片，鳍及头部两侧为赤色，这种锦鲤图案越匀称品质越高。有光鳞的浅黄就是秋水，蓝色鳞片浮现在红色图案上。

产地：由来自中国的鲤鱼在日本培育而成。

体长：品种之间略有差异，典型的锦鲤体长为91cm。

食性：每个品种都有特制的食物。

水质：水温3~25℃，中性（pH 7.0）。

性情：相对群居，但不会群集。

气候问题

锦鲤起源地的冬天是非常寒冷的。现在培育的所有锦鲤都能在室外鱼池中过冬，除了特别寒冷的时候以外。室外养锦鲤的水池要有足够的深度来保证锦鲤不会被冻结在冰中。鱼池加热器能保证鱼池水面不会全部结冰。

随着水温的下降，锦鲤大部分时间都会呆在水池底部，进食量也会开始减少。幼鱼最好在室内的鱼缸中过冬，度过这个生长速率暂时变慢的时期。

对于锦鲤来说，高温天气同样是危险的。水温的上升会使鱼池水中的氧气减少到危险的水平。随着蒸发作用的加剧，我们则需要添加脱氯水来保持水面的高度。在夏天，我们要时常有规律地检查鱼是否有疾病迹象。在非常热的天气里，我们还需要用挡阳板来盖住养鱼池，为那些浅色鱼种提供一个可以躲避阳光的阴影。木架竹席就是其中比较流行的一种挡阳板。

生长和发育

虽然有些池塘鱼的寿命要比鲤鱼长，但是1914年投放到东京皇宫护城河中的（见49页）一些锦鲤在50多年后还活着。鲤鱼是所有池塘鱼中最大的一种，有些个体体长达1.8m。体长和品种有关系，例如茶鲤，在自然界中长得要比别的鲤鱼大。每条鲤鱼在最初的两年中所长的体长接近于成鱼最大体长的一半，在理想的环境中，最初两年中鲤鱼的生长速率为每月2.54cm，这个速率深受环境（水质、水温和饲养密度）及食物的量和质量的影响。这个时期过后，鲤鱼的生长速率就下降了，大概需要15年的时间才能长到成鱼最大体长。有些品种锦鲤的颜色和模样会随着自身的生长发育而改变。这一现象在松川化锦鲤中尤为明显，它那不稳定的黑白斑纹会随着环境条件的改变而改变。

Cyprinus carpio

昭和三色锦鲤

昭和三色锦鲤是最受欢迎的锦鲤品种之一，起源于20世纪20年代末期。但是直到20世纪60年代，通过和大正三色锦鲤及红白锦鲤杂交后得到的昭和三色锦鲤才在红斑浮现淡黄色彩，这一特征同样存在于现今的昭和三色锦鲤中。和大正三色锦鲤（见50页）相比，昭和三色锦鲤也有红、黑、白色。昭和三色锦鲤的头部和躯体都黑斑分布，我们可以通过这点来将它和大正三色锦鲤相区分。昭和三色锦鲤的黑斑要比大正三色多，它身上的黑斑会一直延伸到头部及侧线以下。昭和三色锦鲤身上的斑纹会随着成年而改变，所以对该品种的幼鱼潜力评价是很困难的。

现代昭和和传统昭和相比，现代昭和白色较多，黑色较少。

绯昭和这种昭和三色锦鲤虽然还有点白色，但绝大部分都是红色。

传统昭和这个备受欢迎的锦鲤品种有大面积的红斑和墨玉似的黑斑。

绯昭和相比于醒目的黑斑来说这种锦鲤有着大面积的红斑。

松之助淡黑昭和源自于松之助大正三色，其特征是昭和三色的黑斑呈淡黑色阴影。

淡黑昭和虽然成年后斑纹会改变，但是相对于传统昭和来说淡黑昭和的黑斑较浅。

现代昭和白斑纹所占面积较多，头部及全身均有黑斑。

产地：由来自中国的鲤鱼培育而成。

体长：品种之间略有差异，典型的锦鲤体长为91cm。

食性：每个品种都有特制的食物。

水质：水温3~25℃，中性（pH 7.0）。

性情：相对群居，但不会群集。

Cyprinus carpio

变种锦鲤

这类锦鲤包括所有没有光泽而又无法归纳到别的品系中的锦鲤，且这其中有很多都有自己的品种名。在多彩的锦鲤鱼池中，单色锦鲤是很受欢迎的，其中包括以黑色为主的锦鲤，这种锦鲤和其祖先黑鱼（见49页）非常接近。锦鲤颜色标准拓宽后，变种锦鲤也包括德国锦鲤和银鳞这两个品种。罕见（和其他品种不一样且亲缘不明确）也是这类锦鲤的一个特征。日本的变种锦鲤多于任何一个地方。

九纹龙这种德国锦鲤有着多样的黑白斑，并且黑白斑会随年龄而改变。

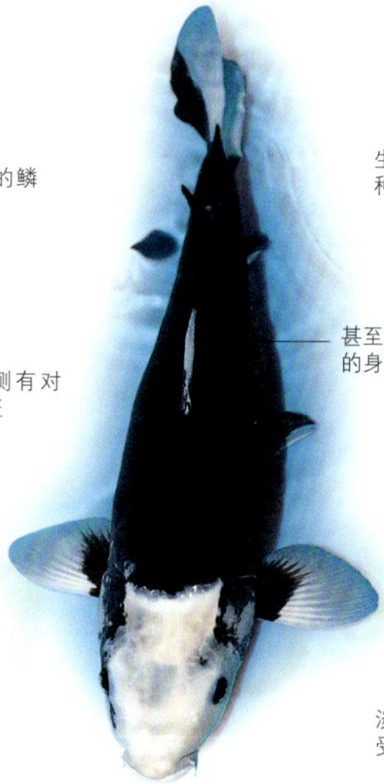

五色锦鲤该品种锦鲤以黑色为主，头部和胸鳍为白色。

茶鲤躯体为明显的棕色，这种锦鲤已被驯服了。

德国Kajaku像这条这样的没有光泽的德国Kajaku是很少见的。

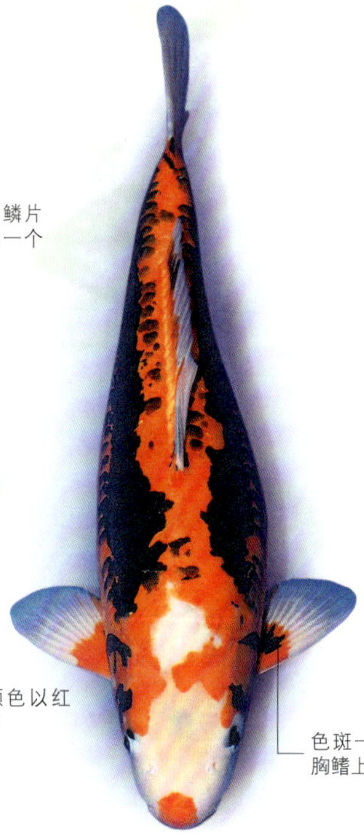

红色九纹龙这种德国锦鲤有着黑白斑纹的躯体，头部有橘红色斑纹。

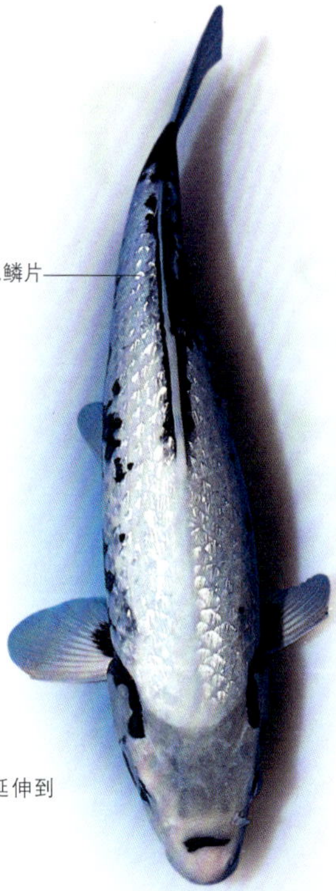

松川化银鳞这种锦鲤的黑白斑纹会随水温的改变而改变。

落叶时雨银鳞一种具有闪闪发光的银色鳞片的新品种。

产地：由来自中国的鲤鱼培育而成。

体长：品种之间略有差异，典型的锦鲤体长为91cm。

食性：每个品种都有特制的食物。

水质：水温3~25℃，中性（pH 7.0）。

性情：相对群居，但不会群集。

锦鲤和日本

起源于日本的许多种锦鲤在国际市场上都是质优价高的，这不仅反应了单个锦鲤的品质，同时也反映了日本对锦鲤选育的严格性。在日本，锦鲤的培育主要还是由一些著名的家族把持着，他们中的一些锦鲤培育体系已经存在了一个多世纪了，一些家族的名字包含在锦鲤的名称中，以此来表示这些锦鲤的起源。例如松之助大正三色锦鲤，就是由著名的松之助系锦鲤培育而来，这系锦鲤的培育可以追溯到20世纪60年代。相同品种不同培育体系中的锦鲤之间存在着一些微小但可辨认的差异，这些差异不仅仅存在于成鱼中，同时也存在于斑纹的发育过程中。比如Kichinai大正三色锦鲤以黑斑稳定而闻名，同样是大正三色锦鲤的松之助大正三色锦鲤刚开始的时候黑斑周围有浅蓝色阴影，成年后这些阴影的颜色则会变深。

其他冷水观赏鱼

在冷水池塘中除金鱼和锦鲤以外还有别的种类的鱼繁荣地生存着，从小而色彩斑斓的种类（例如这种彩虹精灵）一直到古老的鲟鱼及其他近缘种都有。然而这些冷水鱼的种群数量涉及环境因素，尤其是一些外来物种会对本土野生鱼类的数量产生巨大的威胁。从而需要通过一些法律来限制一些物种的交易及迁移。商人非常熟悉这些法律，但是一些政府部门会经常地更新其中一些条款。

彩虹精灵（*Cyprinella lutrensis*）是一种漂亮易养的鲤科鱼，和大多数冷水鱼一样，它起源于温带地区。

Etheostoma caeruleum

红喉飞鱼　镖鲈

产地：加拿大东南部和美国东部的五大湖附近，路易斯安那州和密西西比河也有分布。

体长：8cm。

食性：小型活饵以及别种鱼的鱼卵。

水质：水温4~20℃，硬水（100~150mg/L），中性（pH 7.0）。

性情：雄鱼有领地性。

很难在池塘中观察到这种居住在池底的小型鱼，但是在透明的冷水鱼缸中，这种鱼就很容易被看到了。这种鱼从池塘移到鱼缸中饲养的时候，需要在鱼食中添加一些昆虫的幼虫。雄性红喉飞鱼的体色要比雌鱼亮丽。水温稍微高点也能饲养。雌鱼每次都能在2~3天内产儿百个卵，并将这些卵埋藏在池子底部的沙子中。

雄鱼

Gasterosteus aculeatus

三刺鱼　无鳞甲三刺鱼

产地：欧洲绝大部分地区、亚洲北部、非洲及北美洲。

体长：12.5cm。

食性：喜欢新鲜、特制的活饵。

水质：水温4~20℃，软水（100~150mg/L），中性（pH 7.0）。

性情：繁殖期雄鱼有领地性。

这种刺鱼在繁殖期间不同性别的鱼颜色是不同的。雄鱼会用植物筑巢来吸引雌鱼到巢中产卵，然后雄鱼再给这些卵受精。一个巢中可以有50个来自不同雌鱼的卵。雄鱼保护这些受精卵，直到孵化出仔鱼。

Lepomis humilis

橘斑太阳鱼　淡色太阳鱼

产地：北美，从德克萨斯州到北达科他州的河流和湖泊中均有分布。

体长：10cm。

食性：以不同类型的活物为主。

水质：水温4~22℃，硬水（100~150mg/L），中性（pH 7.0）。

性情：偶尔有攻击性。

这种太阳鱼，体型小再加上外表吸引人，这意味着它适合在水池和鱼缸中饲养。这种的性别非常好区别，因为只有雄鱼才有橘红色的斑点，雌鱼则是棕色斑点。眼睛后面有个边缘白色的部分被称为耳翼，这也是一个辨认点。在室内饲养的时候，这种太阳鱼应该避免和其他太阳鱼混养，因为它们能够杂交。

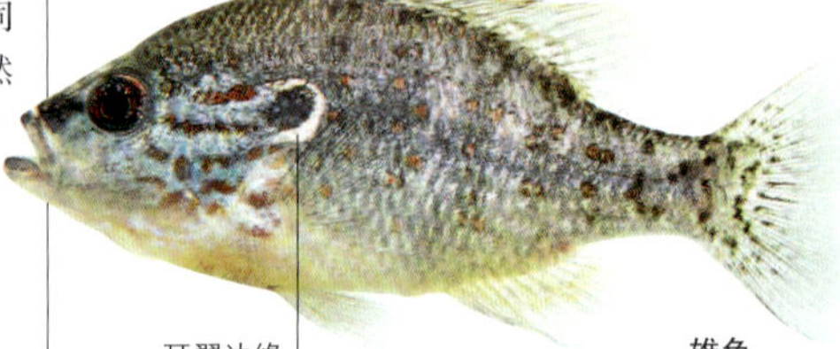

雄鱼

Acipenser gueldenstaedtii

俄罗斯鲟

产地：欧洲及亚洲西部，生活于亚述海、里海和黑海及流入这些海域的河流中。
体长：鱼池中可达125cm。
食性：鲟鱼专用食和活饵。
水质：水温10~20℃，硬水（150~200mg/L），中性（pH 7.0）。
性情：有时会捕食小型鱼类。

俄罗斯鲟的幼鱼没有成鱼那样的白色图案特征，随着年龄的增长会逐渐变白。如果在鱼池中饲养这类鱼类的话，则需要一个巨大的、富含氧的无盖鱼池。由于鲟鱼对化学药品异常敏感，所以应当避免使用杀藻剂之类的药品，因为杀藻剂对这种原始的鱼类是有毒的。

Acipenser stellatus

里海星状鲟鱼

产地：欧洲及亚洲西部，分布于于亚述海、里海和黑海及流入这些海域的河流中。
体长：150cm。
食性：高脂、高蛋白食物，并添加活饵。
水质：水温10~20℃，硬水（150~200mg/L），中性（pH 7.0）。
性情：温和。

和其他鲟鱼一样，人工养殖的里海星状鲟鱼要比野生的小。在自然界中它们的生命初期绝大部分时间都生活在海里，成年后在淡水河中产卵。不管怎样，它们都需要一个绝对的淡水环境，如果在鱼池中饲养的话，那么需要一个体积不小于4500升的大鱼池。里海星状鲟鱼可以和锦鲤混养。

Acipenser baerii

西伯利亚鲟

产地：分布于西伯利亚地区的河流中，从科累马河到鄂毕湾。
体长：200cm。
食性：高脂、高蛋白食物，肉食。
水质：水温10~20℃，硬水（150~200mg/L），中性（pH 7.0）。
性情：温和。

这种生长快速的鱼种背部灰色或黑色，腹部白色。和别的鲟鱼一样需要冷水高氧环境。它们用嘴来挖掘寻找食物，这是许多无脊椎动物的一个本能习惯。西伯利亚鲟并非每年都产卵，野生西伯利亚鲟也是如此，但是雌鱼每次产卵数可超过400000个，这种鱼不能在鱼池中正常地饲养。

Acipenser ruthenus

小体鲟

产地：分布于于亚述海、里海和黑海的西伯利亚地区支流中。
体长：120cm。
食性：高脂、高蛋白食物，并添加活饵。
水质：水温10~20℃，硬水（150~200mg/L），中性（pH 7.0）。
性情：有时候不是小的同类。

小体鲟是鲟科中最早驯化的一种，它们生长缓慢且比其他近缘种小。它们的名字来源于体表的星状骨质鳞甲。小体鲟体色较深，幼鱼背部和体侧有白线。小体鲟存在所谓的白化种，在清澈的水中我们可以看到，白化种呈淡黄色。野生小体鲟在5~6月之间产卵，雌鱼每次可产100000多个卵，并在5天后孵化。但是，这种很难饲养于鱼池中。当我们买了一些鲟鱼而不知道品种的时候，我们可以通过鱼体的弯曲度来区分。虽然现在有鲟鱼的专用鱼食，但是还是会出现营养不良的情况，其标志就是背部变硬。

Pimephales promelas

胖头鲦鱼

- **产地**：发现于北美的绝大部分地区，从加拿大的五大湖地区一直到墨西哥南部。
- **体长**：10cm。
- **食性**：片状或颗粒状食物。
- **水质**：水温10~25℃，硬水（100~150mg/L），中性略偏碱性（pH 7.0~7.5）。
- **性情**：活跃且群居。

胖头鲦鱼的正常颜色为褐色，但是也有一种被称为黄金鲦鱼品种，其体色为黄色。它们会跟随商船游动，并且也能饲养于室内的鱼缸中，只要水温不是非常冷就可以。在春天，它们的性别是很容易区分的，因为这时候雄鱼的鳃盖上会出现被称为结节的白色斑点。雌鱼会将鱼卵产在岩石下面或者罐中，雄鱼则保护这些鱼卵直到孵化，这大概需要5天的时间。

Phoxinus erythrogaster

南方种红腹鲦

- **产地**：北美，从美国明尼苏达州一直到美国东部的纽约州都有分布。
- **体长**：9cm。
- **食性**：片状、小颗粒状食物以及活饵。
- **水质**：水温10~25℃，硬水（100~150mg/L），中性（pH 7.0）。
- **性情**：相当温和。

这种小型的鲤科鱼类有着迷人的色彩，在池塘中却很难被观赏，但是在冷水鱼缸中就能展现出它那美丽的色彩。由于它们原本生活在水流较快的河流中，所以饲养这种鱼的水需要经过过滤并且高氧。冬天的低水温和春季的水温回升会促使它们产卵。雌鱼会将它们的卵分散在鱼池的底部。

Rhodeus sericeus

鳑鲏

- **产地**：欧洲到阿尔卑斯山北部，但在斯堪的纳维亚半岛和英国的野外尚未发现该种鱼。
- **体长**：10cm。
- **食性**：吃各种食物包括颗粒状食物。
- **水质**：水温10~21℃，硬水（100~150mg/L），中性（pH 7.0）。
- **性情**：活跃且温和。

只有当鱼池中有河蚌的时候鳑鲏才能被饲养。雌鱼用它大约有3.75cm长的产卵器将鱼卵产在张开的河蚌中，然后雄鱼在河蚌闭合之前给这些卵受精。幼鱼孵化后，从蚌嘴后面的虹吸管中游出来。

Tinca tinca

须鳡鱼

- **产地**：自然分布区为除斯堪的纳维亚半岛南部以外的欧洲大部分地区。
- **体长**：60cm。
- **食性**：颗粒状食物，一般在水面进食。
- **水质**：水温0~30℃，硬水（100~150mg/L），中性（pH 7.0）。
- **性情**：群居，会形成小鱼群。

须鳡鱼一般都聚集在池底，因而它们相对不太引人注目。它们非常容易饲养，尽管它们讨厌湍流，但是我们不用为它们的水环境而烦恼。成年雄鱼的腹鳍很大，因而我们可以通过这点来进行区分，但是在出售幼鱼时，性别就不好确定了。雌鱼每年都会产成千上万个鱼卵，这些卵需要一周的孵化时间。

红须鳡 这种须鳡鱼有着鲜艳的橘红色斑纹，而其他种类的斑纹相对比较暗淡，典型的红须鳡的头部和背部都有鲜艳的橘红色斑纹。同时，可以通过喂食颜色饲料来加深红须鳡的斑纹。

红白须鳡 和圆腹雅罗鱼、金鱼以及一些锦鲤一样，这种颜色来自于自然突变，然后通过选育来加强这种色彩。

绿须鳡 尽管须鳡有多种底色，绿色也是一种自然存在的颜色。生活在绿色植物密度较大的水域中的绿须鳡的颜色要比绿色植物稀疏水域中的绿须鳡的颜色深。

Leuciscus idus

雅罗鱼　高体雅罗鱼

产地：广泛分布于北欧，但是在挪威野外尚未发现。
体长：60cm。
食性：池塘鱼鱼食以及活饵。
水质：水温0~30℃，硬水（100~150mg/L），中性偏碱（pH 7.0~7.5）。
性情：群居且本性活跃。

野生雅罗鱼的体色和家养的银色雅罗鱼的体色相似。所有的雅罗鱼都体型修长，同时需要有足够的空间供它们游泳。如果这种鱼鱼群数量过小的话，会使它们感到不安。在夏天暖和的晚上，雅罗鱼会浮游到水面上来捕食蚊子。每年这个时候它们都会受到水中低氧量的威胁。喷泉和瀑布都能很好地解决水中含氧量的问题。夏天，雅罗鱼的性别是很好辨认的，雌鱼会产卵，而成年雄鱼的鳃盖及胸鳍边缘则会出现白色结节。通过4年的饲养，就表示这种鲤科鱼种被饲养成功了。它产卵于池塘植物之间，鱼卵孵化时间大约为3周。

银色雅罗鱼虽然这种雅罗鱼和野生雅罗鱼非常接近，但是它被饲养数仅次于金色雅罗鱼。在池塘中，这种雅罗鱼的寿命超过15年。

金色雅罗鱼这种雅罗鱼橘色的身体上部有黑色斑点，它是所有雅罗鱼中最受欢迎的一种，并且身上的橘色可以通过喂食有色饲料来加深。

蓝色雅罗鱼这种蓝色雅罗鱼看起来很漂亮，但是在池塘中它并不特别醒目。遗憾的是雅罗鱼太大而无法饲养在冷水鱼缸中。

Cyprinella lutrensis

彩虹精灵

产地：北美。美国中部密西西比河流域及墨西哥北部。
体长：9cm。
食性：薄片状、小颗粒状食物以及活饵。
水质：水温10~25℃，硬水（100~200mg/L），中性偏碱（pH 7.0~7.5）。
性情：活跃且群居。

饲养彩虹精灵的地方需要有一个比较大的游泳区，并且水草应该限制在底部和四周，所用的水应该经过过滤和增氧。冬天水温应该有所降低，以此来模拟室外的环境。春季，当你把水温上升的时候，雄鱼的颜色就会变得很鲜艳，雌鱼则会开始产卵。鱼卵一般都产在池底。

Scardinius erythrophthalmus

红眼鱼

产地：广泛分布于北欧，但是苏格兰和斯堪的纳维亚半岛的大部分地区则不分布。
体长：45cm。
食性：颗粒状池塘鱼鱼食。
水质：水温0~34℃，硬水（100~150mg/L），中性偏碱（pH 7.0~7.5）。
性情：群居、温和，能和其他鱼混养。

这种鲤科鱼种，以鱼群方式饲养的时候比较活跃。它经常会游到水面上来，红眼鱼有时会啃食水草，但是它们还是比较喜欢在水面吃非植物性鱼食，所以经常在水面下追逐以此来捕食昆虫。在繁育的条件中，雄鱼头部会发生膨胀。在春夏之际，雌鱼每次可产下100000多个鱼卵。鱼卵孵化时间大约为两周。

银色红眼鱼这是自然存在的一个品种，具有银色的光泽。红眼鱼和太阳鱼（*Ratilius ratilius*）可以通过腹鳍来进行区分，红眼鱼的腹鳍在背鳍之前，而太阳鱼则和背鳍在同一水平。

金色红眼鱼这是一个体色为金黄色的已被驯养的品种，尤其是头部和背部金色更加明显。

池塘观赏植物博览

水边植物

这些植物的观赏价值大于实用价值。但是如果这些植物种植在池塘边缘并且高出水面30cm的话，那么它们就能为幼鱼提供静居地。池子边缘也会生长一些观赏性植物，这些植物能使池子看起来比较随意，而且能成为一道栅栏，从而防止捕猎者对鱼的捕食。水边植物的根会延伸到水中，从而掩盖池子的边缘。所有这些植物的特征都是和气温相适应的，但是有些则在冬天能起到保护作用。

池塘边常年都有花盛开是一个明智的选择。在初春，**臭菘**（*Lysichiton americanum*）颜色明亮。

Rheum palmatum

中国大黄

产地：亚洲，其分布局限于中国的西藏和中国部分地区。

植株大小：可长到2.5m。

水质：最适生长于池塘边的潮湿土壤中，而不是水中。耐寒，最低生长温度-15℃。

繁殖方式：可以通过分根的方法来很容易地进行繁殖，同时也可以用种子进行繁殖。

这种壮观的植物在半阴和全阳条件均能良好生长。由于这种植物比较高大，因而抗风性较差。大部分种植的中国大黄的花微红，正常的花穗为白色。

Sagittaria sagittifolia

慈菇

产地：北美，美国大部分地区都有分布。

植株大小：最高可达1m。

水质：生长于池塘边潮湿土壤中以及池塘边缘架上，耐寒，最低生长温度-15℃。

繁殖方式：可以通过分根的方法来很容易地进行繁殖。

这种水边植物的绿叶很像箭头。整个夏季都能开白色花朵。如果你想控制这种快速生长的植物不扩散，那么你就应该将它们种在户外的花盆中。它的根茎类似于土豆，且这些根茎上能长出新的植株。

Myosotis scorpioides

沼泽勿忘我

产地：欧洲和亚洲，目前北美部分地区也有分布。

植株大小：一般可达15~30cm高。

水质：能较好地生活在浅水中，而不被淹没，耐寒，最低生长温度-15℃。

繁殖方式：能通过种子和分根的方法进行繁殖。

沼泽勿忘我极易存活，它能使池边变得更加随意，它既能生长于水边也能生长于浅水中。目前已经培育出了很多种勿忘我，其中“美人鱼”能经常性地自然开花，“海棠”则生长得非常紧密。淡蓝色花朵中间有一个微小的黄色眼点，而“晨曲”则是把蓝色换成了白色。

椭圆形的叶片上有绒毛

Carex elata 'Aurea'

金色苔草

产地：全世界温带地区均有分布。

植株大小：可长到60cm高。

水质：可生长于浅水及相对较湿的土壤中，耐寒，最低生长温度-15℃。

繁殖方式：在春季能很容易地通过分根的方法进行繁殖。

丛生，叶绿色或红色，叶缘为金黄色。这种植物扩散性不强，每丛金色苔草直径罕有超过45cm的。花朵紫色，但在弧形草叶中不容易被发现。在生长季节的末期，老叶脱落，以此来保证来年春天能重新生长。

Eriophorum angustifolium

棉花草

产地：北半球的温带地区均有分布。

植株大小：可达30cm。

水质：可生长于湿地至水深5cm的地方，耐寒，最低生长温度-15℃。

繁殖方式：通常采用分根法繁殖，但也可以通过种子繁殖。

这个属的植物非常好辨认，本种有着位于长茎顶端的类似棉花团的白色花朵以及草样的叶片。虽然棉花草看起来很柔弱，但是它能在适合条件下快速蔓延。棉花草喜欢全日照及酸性并混有泥炭苔的地区，常生活于沼泽地中。它的根在地下蔓延，如果不加控制的话它将会布满整个池塘。耐寒且常绿的棉花草是一种很好的池塘边美化植物，尤其点缀在一些高大优美的植物之间更是如此。棉花草的近缘种宽叶羊胡子草（*Eriophorum latifolium*）也经常可以被看见，它们生境相似，不同之处是宽叶羊胡子草叶子较宽，花瓣为紫绿色。

Cyperus involucratus

伞草　和伞莎草

产地：产于非洲的东部和东南海岸，同时马达加斯加岛也有分布。

植株大小：可达60cm。

水质：生长于池塘边缘架或者浅水中，不能存活于干旱地区。

繁殖方式：秋季分株繁殖或者通过种子繁殖。

伞草的耐寒性比其他水边植物略差，在温带地区的冬天需要一定的保护。最好是将它们种植在花盆中，且在初秋下第一场霜之前移植到室内。种植伞草的花盆中要有水沟且花盘摆放位置要有良好的光照，直到春末方能将其移栽到花园中。如果不具备这种条件，正常情况下，伞草在室外的深水下也能存活，因为深水能保护伞草不被冰冻结。伞草花期在夏末。伞草叶子弧形、翠绿，临近秋天就变成褐色，和它种子的颜色相近。甜莎草（*C.longus*）的耐寒性比伞草要好些，但是仍需种植在花盘中，这是因为它的根比较锐利，容易破坏池塘沿。

Zantedeschia aethiopica

马蹄莲

产地：原产非洲的南部及东部地区。

植株大小：可达91cm。
水质：盆栽，置于池架子下方20cm处，或者种植于潮湿地区，半耐寒，最低生长温度为0℃。
繁殖方式：春季分株或者种子繁殖。

这株马蹄莲墨绿色的叶子衬托着白色的大花朵和金黄色的花蕊。马蹄莲花可开一个月，然后结出黄色的果实。在深水中，马蹄莲能够在室外越冬，因为深水能保护其根部不被冻死。克罗伯勒马蹄莲是所有被栽培马蹄莲中最耐寒的一种。

Acorus calamus

菖蒲

产地：广泛分布于北半球的温带地区。

植株大小：可达1m。
水质：可生长于湿地至水深10cm的地方，耐寒，最低生长温度-15℃。
繁殖方式：春季分株繁殖。

主要有两个品种，和所有鸢尾属植物一样它们的叶子都是剑状叶。自然的绿色品种叶脉为乳白色，且生长速度比小品种快。菖蒲在阳光充足和半阴处均能生长，且密集丛生，花朵不显眼。成年植株分株后能促使它更好地生长。

Calla palustris

水芋

产地：北欧、亚洲以及北美温带地区。

植株大小：可达20cm。
水质：生长于池架子下方，水深10cm，耐寒，最低生长温度-15℃。
繁殖方式：用地下茎于春季分株繁殖。

外表与马蹄莲（左边）相似，但水芋植株较小且叶色为亮绿色。它的白色花朵是由钉螺而非昆虫受精。水芋所结果实为淡红色的浆果，非常诱人。

臭菘

产地：原产于北美西部。

植株大小：可达1.2m。
水质：生长于池边湿地至水深10cm的地方，耐寒，最低生长温度-15℃。
繁殖方式：分株或种子繁殖。

黄色的臭菘花在初春盛开，它不仅给水池带来了亮丽的景色，同时也意味着其他植物要开始生长了，譬如荷花。臭菘的花朵可达20cm高，但是遗憾的是它的花朵的气味正如它的名字一样是令人讨厌的臭味。它的花大再加上深绿色的叶子，看起来就像是白菜。它能茂盛地生长于池边肥沃的土壤中，另外池塘边缘架上也能生长。臭菘培养需要花一定的时间，但是一旦成功它就能通过种子来快速地扩散开来。它在夏末播种，种子需放在水中来时刻保持种子的湿度。

Iris ensata

日本菖蒲

产地：亚洲，日本部分地区还有野生种发现。

植株大小：可达1m。

水质：更适合生长于池边而非水中，耐寒，最低生长温度-15℃。

繁殖方式：只能通过根茎分离法进行繁殖。

这种菖蒲是所有池边花中最漂亮的一种，它的花瓣大且宽。现在，它有多种颜色的品种，从白色一直到淡红色、淡紫色都有，并有紫色和蓝色的边晕。日本菖蒲最好是同一种颜色的种植在一起，那样就会比较好看，因而你在买一批日本菖蒲的时候应该避免有其他植物，而且应该选择一种颜色。它们不喜欢一直生活在水涝地区，但是在冬天移植到花盘中之前应栽培在池塘中。它也可以栽培于地中，但是不能太过干燥，应接近掩体，光线良好处，但是不能有风。

Iris pseudacorus

黄菖蒲

产地：欧洲部分地区，向南延伸到北非，向东延伸到亚洲。

植株大小：可达1.5m。

水质：可种在池塘边缘或者池塘架子上的花盆里，耐寒，最低生长温度为-15℃。

繁殖方式：分根繁殖，也能用种子繁殖。

这种耐寒的菖蒲，叶子绿色，花是毛茛科的黄色花，花瓣顶部有微红色斑纹。花期在初夏，每朵花只能开一天，然后就结果。黄菖蒲生长非常快，因此应该栽培在花盘中，以此来限制它蔓延并保护它们。

Butomus umbellatus

花蔺

产地：原产于欧洲、亚洲和北非，现在北美也有发现。

植株大小：可达1.5m。

水质：生长于沼泽地至水深12.5cm的水中，耐寒，最低生长温度-15℃。

繁殖方式：分株繁殖。

这种植物的墨绿色叶子有1.25cm宽、90cm长，叶缘锐利从而能够阻止家畜对它的啃食。盛夏，在它高于叶面的茎上会开出一串略带红色的白花。喜阳，不喜炎热的气候。

Aponogeton distachyos

水蕹　长柄水蕹

产地：起源南亚，目前在欧洲、大洋洲和南美洲也都有发现。

植株大小：叶长可达20cm。

水质：适应性强，在水深60cm的水中生长良好，一般耐寒，最低生长温度-5℃。

繁殖方式：能分株繁殖，同时也能种子繁殖。

水蕹能在水面蔓延，花为白色，花中心为黑色，并有浓郁的香气。最适生长地区为温带地区，春天和初秋均会开花。水蕹的根位于不会结冰深水下，故而耐寒性较好。

Typha latifola

芦苇

产地：广泛分布于欧洲和北美的大部分地区。

植株大小：可达2m。

水质：生长于浅水至水深为30cm地区，耐寒，最低生长温度-15℃。

繁殖方式：根茎分植。

芦苇的花分雌雄，雌花为深棕色且柔软，有22.5cm长，雄花为灰白色，雌雄花开于同一花茎上。芦苇花干燥后可以在冬天用于装饰。如果不对芦苇进行限制的话，它将会是一种破坏力很强的植物。它生长快速，能够长满整个池塘，且根部会聚集淤泥。

Pontederia cordata

梭鱼草

产地： 原产于北美东部。

植株大小： 可达1m。
水质： 生长于池塘边缘架及水深12.5cm处，耐寒，最低生长温度-15℃。
繁殖方式： 根茎分植。

这种植物有着锥形的宽叶，花竖直。春季梭鱼草生长非常缓慢，但花期较长，可持续到夏末为止，这时候其他植物的花期已经结束了。梭鱼草喜欢生长在阳光充足的地方，同时喜湿，比如池塘边的沼泽区或者池塘的静水中。目前已经栽培了多个品种的梭鱼草了，它们一般都发现于美国的最南部，比如白花梭鱼草只生长于佛罗里达州的南部，其耐寒性次于梭鱼草（*P.cordata*）。如果这种植物来年还想栽培的话，那么它们的根部就不能被冻于冰中。梭鱼草生长非常快，丛生，根部非常发达。

Mimulus guttatus

猴面花

产地： 原产于加拿大东部地区及美国。

植株大小： 可达1m。
水质： 冬天生长于水下，春天开始发芽。耐寒，最低生长温度-15℃。
繁殖方式： 营养繁殖和种子繁殖均可。

它是所有沟酸浆属（*Mimulus*）中最耐寒的植物之一。野生猴面花生长于美国，最南可生长至智利。通过大范围的杂交，得到了多种猴面花。猴面花花色鲜艳，因而每年都有栽培，并且有些品种冬天也能栽培。猴面花的种子在春天播种。

Thalia dealbata

水竹芋

产地： 原产于美国南部和墨西哥大部分地区。

植株大小： 可达2m。
水质： 栽培于池塘较深处，水深应超过45cm。半耐寒，最低生长温度0℃。
繁殖方式： 根茎分株繁殖。

水竹芋事实上要比其分布区域建议的更加耐寒，叶子有角并展开，夏末开紫色花朵。这种植物在池塘的水较深的区域能够良好地生长，尤其是在温带地区，根部成团能防止结冰。冬天可在其茎上包裹一层防寒物来帮助它们越冬。

Lysimachia nummularia

金钱草

产地： 原产于欧洲中部。

植株大小： 15cm。
水质： 最适生长于池塘边缘，而非水中。耐寒，最低生长温度-15℃。
繁殖方式： 营养繁殖和种子繁殖均可。

这种低矮报春花科植物匍匐生长最长可达30cm，叶绿色，花黄色杯状。金钱草覆盖面积不仅仅局限于池塘边缘。缺点是生长旺盛，并会侵袭草坪。我们在选择栽培金钱草的时候金叶过路草（*Lysimachia nummularia* 'Aurea'）是一个比较好的选择，它的侵略性相对较弱，并且金黄色的叶子非常有吸引力。

Aeum rivale

溪边水杨梅

产地： 原产于欧洲、亚洲和北美的温带地区。

植株大小： 30cm。
水质： 生长于浅水区或者池塘边的湿地中，耐寒，最低生长温度-15℃。
繁殖方式： 营养繁殖（用根部较容易），也可用种子进行繁殖。

环绕池塘植物的栽培品种中，溪边水杨梅是一个好的选择。叶和草莓叶相似。目前有多个栽培品种，所以花色也有多种，从自然的淡紫红色一直渐变到橘色、黄色都有。溪边水杨梅非常耐寒，秋季修剪后在来年的春天依旧能够很好地生长。

每个茎上长着不止一朵花

Gunnera manicata

大叶蚁塔

产地：南美，哥伦比亚和巴西的水边。

植株大小：茎可达2m高。
水质：最适生长于池塘边缘，而非水中。一般耐寒，最低生长温度-5℃。
繁殖方式：分株繁殖或种子繁殖。

叶子可达2m宽，花穗可达1m高，这种植物需要一个特殊的环境。大叶蚁塔也称大根乃拉草，夏季在潮湿肥沃地区生长快速。冬天叶子枯萎后覆盖在根部，从而防止根部免受霜冻伤害。

Ranunculus lingua 'grandiflorus'

长叶毛茛

产地：欧洲、亚洲和北美的温带地区。

植株大小：75cm。
水质：生长于池塘中，水深12.5cm，或者生长于沼泽地中，耐寒，最低生长温度-15℃。
繁殖方式：分根繁殖和种植繁殖。

长叶毛茛是毛茛科中最漂亮的一种，春天它会开大的紫黄色的花朵。和其他毛茛科的植物一样，如果我们不注意的话就会疯狂地生长蔓延，所以如果将它种在室外的话就得把它种在花盆中。叶子形状多样，长且宽，长于茎上无花芽处。

Caltha palustris

驴蹄草

产地：北美、欧洲、亚洲大部分地区。

植株大小：30cm。
水质：生长于池塘边湿润的地区至浅水区，耐寒，最低生长温度-15℃。
繁殖方式：分株繁殖或种子繁殖。

驴蹄草在年初就开花，且小丛栽培时比较漂亮。目前有多个品种，其中“Flore Plena”为双花期，它在初秋还会再开一次花，另外还有比较少见的喜马拉雅白化种（*C.p.*var.*alba*）。年末驴蹄草可能会长霉菌。

Asplenium scolopendrium

铁角蕨

产地：原产于欧洲温带地区。

植株大小：叶可达40cm。
水质：水边的潮湿地区。

繁殖方式：分株繁殖、叶片繁殖和孢子繁殖。

外观漂亮的蕨类植物常栽培于池塘边缘，其他许多植物均能在这种地方旺盛地生长。铁角蕨是耐寒性较好的一种蕨类植物，其最适合环境是温带地区。它有直立生长的特点，尤其是新叶更是如此，初生叶为白色，随后颜色会逐渐加深。叶缘为波浪形，且有5cm宽。虽然蕨类植物无法在水分充足的地方良好地生长，但是它还是需要一个湿度相对较高的环境的。蕨类植物生长于湿气较重的背阴处，比如池塘边的石头缝里、瀑布地下等地方，这些地方就算是干旱季节也能保持足够的水分以供蕨类植物的生长。在它们适合的环境中，它们就能开始生长繁殖，幼小的子代只要不干旱就能在狭小的缝里良好地生长。蕨类植物喜阴，应避免阳光直射。

增氧器

这些生长在水面的植物在构建健康的池塘鱼生活环境方面有着至关重要的作用，因为它们能通过光合作用释放出氧气，因此称这些植物为“增氧器”。同时它们还能通过和藻类竞争营养来保持水质的清澈，其中藻类是池塘水变绿的主要原因。一些生长在水面的植物还能开很漂亮的花朵。但是这些所谓的“增氧器”繁殖速度非常快，所以我们应该定时清除一些，以保证鱼类有足够的游泳空间。

水蕴草（*Elodea canadensis*）的叶子上产生的氧气泡。在阳光明媚的日子里，我们可以看见这些由增氧器产生的气泡在清澈的水中缓缓上升。

Ranunculus aquatilis

水毛茛

产地：原产于北美和欧洲。

植株大小：聚集成团，直径可达1m。

水质：活水和静水中均能生长，耐寒，最低生长温度-15℃。

繁殖方式：在生长季节分枝繁殖，也可种子繁殖。

这种毛茛科的植物有两种叶，小叶生长于水面下，宽叶漂浮在水面上，花白色且中间为亮黄色，并一般都漂浮在水面上。和其他“增氧器”植物一样，我们可以剪一部分水毛茛种在池底，它在池塘边缘架上开始生长，然后自己就会慢慢地长到水比较深的地方。

Myriophyllum spicatum

穗状狐尾藻

产地：广泛分布于欧洲、亚洲和北非，美国也有类似种存在。

植株大小：一般可达3m长。

水质：生长于水深1m处，盐水和淡水中均能生长，耐寒，最低生长温度-15℃。

繁殖方式：春夏分株繁殖。

穗状狐尾藻繁殖非常快，高密度的穗状狐尾藻能够使池塘的水看起来变得很浅。叶子较纤弱，略微螺旋状，但有时也会略带红色，长长的叶茎一般来说并不起眼，除非是水非常的清澈才能注意到。夏天穗状狐尾藻会开黄白色小花朵。它易受过度繁殖的丝状藻类攻击。

Elodea canadensis

水蕴草

产地：原产于北美，现在欧洲也有发现。

植株大小：一般为30cm长或者更长。

水质：生长于阳光充足的清水中，耐寒，最低生长温度-15℃。

繁殖方式：将从生长锥开始15cm长的枝条剪下即可，不需栽培。

水蕴草的叶子极小且深绿色，我们可以依靠这点来将它与其他相似植物区分开来。水蕴草生长非常快，尤其是在每年气温暖和的月份中更是如此，它非常耐寒，在温带地区它能够在室外越冬。水蕴草都论枝卖，且一旦吸水后就会沉到池底。然后每根水蕴草都会开始发芽然后长成一个幼苗。

Utricularia vulgaris

狸藻

产地：广泛分布于欧洲、亚洲和北非的温带地区。

植株大小：茎可达15~45cm长。

水质：喜欢静水向阳地区。耐寒性一般，最低生长温度-5℃。

繁殖方式：生长季节中分株繁殖。

这种生长缓慢的无根食虫类植物的叶子之间有囊状结构，这些结构能漂浮在水面上来诱捕一些小生物包括一些仔鱼。夏季，在它粗壮的茎上会盛开一片黄色的花。狸藻之间会发生拮抗。

Ceratophyllum demersum

金鱼藻

产地：原产于亚洲，目前在全世界温带地区都有分布。

植株大小：茎可达60cm长。

水质：水环境要求较高，喜阳、喜阴。耐寒，最低生长温度-15℃。

繁殖方式：在生长季节分茎生长。

这种植物的名字来源于它宽阔的生长锥，就像牛角一样。金鱼藻无根，但是它们的叶子能够依附在别的植物上。在每个生长期，它都能长成一长串。当它们的叶子死亡之后，顶端的芽就会脱落沉降到池塘底部，来年就能生长发育成一株新的植物。在金鱼藻生长末期会变得非常零散，故而这时候是将金鱼藻捞出来的最好的时候。尽管金鱼藻的耐寒性很好，但是它是一种严格的水生植物，长时间的暴露在空气中会导致它们死亡。它也非常的脆弱，非常容易受到创伤。

Fontinalis Antipyretica

莫丝草

产地：广泛分布于欧洲、亚洲、北非、北美的部分地区。

植株大小：茎可长到50cm长。

水质：喜欢生长于清水中，向阴、向阳均可以。耐寒，最低生长温度-15℃。

繁殖方式：分枝生长。

尽管这种苔藓不开花，但是它依旧可以非常的迷人。它以池塘中一些游离的丝状藻类为食，非常适合生长于瀑布附近，它最先发现水流较急的溪流中。莫丝草植根于水下花盘或者岩石中，我们可以用橡胶圈来固定它。

Hottonia palustris

水生紫罗兰

产地：原产于欧洲大部分地区。

植株大小：植株高度可超过1m。

水质：能在酸性水环境中茂盛地生长（pH6.0~6.5）。耐寒，最低生长温度-15℃。

繁殖方式：生长季节中分株繁殖或营养繁殖。

虽然它的名字中有“紫罗兰”这个词，但是这种植物却和紫罗兰没有任何关系，反而是属于报春花科的。大面积的水生紫罗兰是一种非常好的氧气生成者。夏天，水生紫罗兰的花穗可高于水面30多厘米。花穗上的叶要比其他部位的也要紧密，而比较柔弱的部分位于水面之下。花朵有多种颜色，从白色到桃红色到淡紫色再渐变到蓝色都有。当花结果凋谢了以后花柄也就随之脱落了，掉到了水中，在那里种子就会开始发芽。在秋天，水生紫罗兰就会死亡，留下一个所谓的冬芽或者称为鳞根出条，在来年就能发育成一个新的植株。虽然水生紫罗兰耐寒性很好，但是它只生长于清水中，任何一种丝状藻类都能对其产生负面影响。

浮游植物

这种植物并不以它们的花而闻名，但是它们能使池塘看起来更加自然，而且能使鱼类更好地生长。它们会高密度铺在水面上，再加上水中藻类的生长，从而能保护鱼类不被捕食者（尤其是鸟类）捕食，同时防止鱼类被阳光灼伤。浮游植物非常容易培养，只要将其扔在水面上，它自己就能漂浮到适合它生长的地方，在一个新的池塘中，它长得比任何一种植物都要快，比如水边的一些植物以及荷花。它们中间很多种类都起源于天气温暖的地区，因而在温带地区它们的耐寒性较差，所以在霜冻的冬天我们应该将它们移植到室内来保护它们免受伤害。

现在在很多地方都有**菱角**（*Trapa natans*）的生长，这种植物给当地带来了新的环境问题。

Azolla caroliniana

绿萍

产地：原产于美国直至南美洲地区，现在在欧洲部分地区已经自然化了。

植株大小：平均长为1.5cm。

水质：需要清水才能茂盛地生长，耐寒性一般，最低生长温度-5℃。

繁殖方式：无性繁殖，在春季进行简单的分丛即可。

这种浮游的绿色藻类能在水面快速地蔓延开来，所以我们应该控制这种植物的生长。夏季淡红色，秋季死亡后沉入池塘，但第二年春天新的绿萍又会重新覆盖在水面上。一些蕨类植物在室内的水缸或者窗沿上的塑料容器中过冬，否则的话在比较寒冷的天气里，它们将会全部冻死。

Trapa natans

菱角

产地：原产于欧洲，现在在美国和澳大利亚已经自然化了。

植株大小：莲座型叶丛的叶子直径可达70cm。

水质：喜欢生长在静水或流速缓慢的水域中，半耐寒性，最低生长温度0℃。一年生植物，冬季前死亡。

繁殖方式：在池塘底部泥中的栗子样的种子生长繁育非常容易。

菱角是一种一年生的植物，莲座型叶丛，边缘为绿色，中间为紫色。不起眼的白花能结出大的深色的果实，这种果实能在池塘的淤泥中或者潮湿的泥炭苔中过冬。如果想让它们来年春天发芽的话，就不能使它的果实脱水。

Eichhornia crassipes

水葫芦

产地：原产于南美，但是现在在很多地方都已经自然化了，比如非洲。在一些地区则是被禁止的。

植株大小：叶10cm长，花穗15cm长。

水质：喜欢生长于静水中，所以应该远离喷泉。半耐寒性，最低生长温度0℃。

繁殖方式：成年植株上的一小部分就能繁殖。

这种植物的名字来源于它紫红色的花，它的花和洋水仙的花非常像。叶柄处的空气囊能给植株提供浮力，从而使植株能够浮在水面上。水面下蔓延着长长的根部，能够给金鱼提供产卵的地方，并给幼鱼提供保护。在暖和的天气中，水葫芦能快速地生长，但是如果在冬季不将它们移入室内的话，在温带地区是很容易被冻死的。

Lemna species

浮萍

产地：全世界除两极之外均有分布。

植株大小：叶直径大约0.8cm。
水质：在深水区生长良好，最适合在稍微有点流动的水域中生长。耐寒，最低生长温度-15℃。
繁殖方式：只要有一小片就能进行繁殖。

浮萍常常是由其他植物带入池塘的，它能给鱼类和其他生物提供食物。一旦它们覆盖了整个池塘水面给其他生物带来威胁的时候，我们就应该用铲子铲掉一些。我们可以在利用喷泉来促使水面运动，以此来抑制浮萍的生长扩散。它不能和其他浮游植物或者百合科的植物和谐共存。

Stratiotes aloides

水兵草

产地：原产于欧洲部分地区以及亚洲西北部。

植株大小：可长到50cm高。
水质：喜硬水，喜静水或者稍微有所流动的水域，喜阳。耐寒，最低生长温度-15℃。
繁殖方式：分离冬芽于春季繁殖。

在夏季的水面上，水兵草的短茎上会盛开白色的花朵，这时候我们才能看到这种植物。水兵草雌雄异体，但是它通常是通过分株的方式进行繁殖而非种子繁殖。水兵草能从周围环境中吸收碳酸钙，从而使得它在冬季的时候沉入池塘底，这个在来年春季可以发芽的组织称为鳞根出条。

Pistia stratiotes

水浮莲

产地：起源于美国佛罗里达州的海滨，目前在全世界的温带地区均有分布。
植株大小：可达15~30cm高。
水质：喜欢生长于水中，喜阳。不耐寒，最低生长温度10℃。
繁殖方式：分株繁殖或种子繁殖。

水浮萍的莲座型叶丛生长在水面上，绿色、柔软，根部长而发达，可达45cm长，是鱼类的产卵地和掩护体。微小的白色花朵经常被忽略。水浮萍对低温很敏感，在温带地区的冬天应该将其移入室内。

Orontium aquaticum

金棒花

产地：加拿大和美国的东部地区。

植株大小：每丛直径可达60~75cm。
水质：从浅水向阳区域一直到水深较深的地方都能生长。耐寒，最低生长温度-15℃。
繁殖方式：春季或秋季分株繁殖，夏季种子繁殖。

有多种用途的金棒花可以和其他浮游植物或者水边植物栽培在一起，在初夏的时候它比鸢尾属和樱草属的植物还吸引人。金棒花根据叶子来划分种类，生长在浅水中的金棒花，矛状的叶可达45cm长，但是在深水中，叶子罕有超过30cm的。叶子上面中间为绿色，叶子背面略带紫色。金棒花的花期从春末一直到盛夏，花的底部为白色，顶部为黄色。在温带地区金棒花耐寒、丛生。将金棒花的根种植于容器底部后，它就能发展成一个巨大的根部体系。我们应该避免金棒花自己生根，因为一旦它们生根后就很难再把它们清理干净了。

睡莲属植物

睡莲属植物是所有池塘植物中最迷人的一种，它非常容易栽培。它有助于保持池塘水的水质良好，因为它能吸收鱼类排泄出来的养分。水面上的荷叶能降低整个水面的光照量，从而保护鱼类免受阳光的灼伤，同时能抑制藻类的生长。在捕猎的阴影掠过池塘的时候，它还能使鱼类快速地脱离捕猎者的视野。种植热带睡莲属植物的水温不得低于24℃，否则它们不会生长或者休眠甚至会腐烂。

和许多睡莲属的植物一样，**红睡莲**（*Nymphaea x laydekeri 'Fulgens'*）耐寒性很好，红睡莲和其祖先大瓣粉白睡莲（*Nymphaea alba var. rubra*）均原产于瑞典。在寒冷的气候里，热带睡莲属植物只适合种植在室内。

Nymphaea 'Pearl of Pool'

池之珠

起源：由粉红睡莲和玫瑰红睡莲杂交而来。

植株大小：单株叶子覆盖范围可达1.5m。
水质：水环境要求不高，耐寒，最低生长温度-15℃。
繁殖方式：分根繁殖，栽种深度75cm。

这种睡莲属植物首先在美国培育成功，并在1946年第一次取得耐寒性栽培变种专利。它到现在依旧受人欢迎，因为它开花很多，尤其是栽培在大型的水池中。粉红色的花在初开时是杯状的，完全开放后呈星状，有花香。叶子最大直径可达25cm。

Nymphaea Pygmaea 'Helvola'

海尔芙拉

起源：由睡莲和黄睡莲杂交而来。

植株大小：单株叶子覆盖范围可达1m。
水质：水环境要求不高，耐寒，最低生长温度-15℃。
繁殖方式：分根繁殖，偶尔也可种子繁殖。

这种睡莲属植物有着美丽的黄色花朵，直径不超过5cm，数量丰富。和它大的亲缘种相比花期略微靠后，且每天花朵开发和闭合时间都要比其他睡莲属植物晚一些。小巧的橄榄绿色的叶子是另一个吸引人的特征，且叶表面有紫色斑点。

Nymphaea 'Aurora'

极光

起源：由红睡莲和白睡莲杂交而来。

植株大小：单株叶子覆盖范围可达1.5m。
水质：水环境要求不高，耐寒，最低生长温度-15℃。
繁殖方式：在生长初期分根繁殖。

这种睡莲花期不确定，被称为马利耶克型杂交品种，是由法国人Joseph Latour-Maeliac在19世纪培育成功的。花能开3天且颜色多变，刚开始花色为杏黄色，到第二天就渐变成橘红色，凋谢前花渐变为火红色。叶表绿色，叶背面为紫色。

Nymphaea 'Comanche'

渴望者

起源：亲本不明，在 约瑟夫拉图尔－马利列克苗圃中培育成功。
植株大小：单株叶子覆盖范围可达1.5m。
水质：水环境要求不高，耐寒，最低生长温度-15℃。
繁殖方式：在生长初期分根繁殖。

这种睡莲花期自由，花色亮黄，叶子墨绿并有紫色斑点，当其成片栽培时视觉效果非常好。渴望者的花和极光一样，花色随时间而变化，最初花色杏黄中间颜色稍深，随后变为橘黄色，最后为橘色。花的外形也和极光一样会发生改变，最初为杯状，最后盛开成星状。

Nymphaea 'Froebelii'

福禄培尔

起源：这个品种由白睡莲选育而来。

植株大小：单株叶子覆盖范围可达1m。
水质：水环境要求不高，耐寒，最低生长温度-15℃。
繁殖方式：在生长初期分根繁殖。

这个品种开花较晚，是一个典型的睡莲品种，常用于新品种的培育。苏黎士人Otto Froebeli在19世纪花费了40年的时间才将其选育成功。福禄培尔的花瓣火红，但开花初期雄蕊为橘红色，其余为黄色。花形近似方形，直径大约为10cm。叶子初展开时为青铜色，然后逐渐变为绿色，叶子相对较小，叶宽很少有超过15cm的。福禄培尔开花随意且迷人，虽然它喜阳，但是它常常栽培在寒冷地区。同时，它也适合栽培于院子中，并且在夏天可以作鱼类的临时住所。

Nymphaea 'Gonnère'

白仙子

起源：由睡莲理查逊尼和另一种未知品种杂交得到。
植株大小：单株叶子覆盖范围可达1.2m。
水质：水环境要求不高，耐寒，最低生长温度-15℃。
繁殖方式：在生长初期分根繁殖。

这个品种在北美经常被称为“雪球”。它有着白色圆形的花朵，墨绿色的叶子直径可达25cm。虽然它生长很旺盛，但是它的花期较短，和其他睡莲一样，需要一到两年种群才能稳定下来。

Nymphaea 'René Gérard'

仁者

起源：亲本不明，在约瑟夫拉图尔－马利列克苗圃中培育成功。
植株大小：单株叶子覆盖范围可达1.5m。
水质：水环境要求不高，耐寒，最低生长温度-15℃。
繁殖方式：在生长初期分根繁殖。

这个品种于1914在约瑟夫拉图尔－马利列克苗圃中培育成功，它非常容易栽培，就这一点就足够受到爱好者的青睐了。另一个受人欢迎的原因是，在自然条件下，它也自由开花。星状的花朵相对于它的叶子来说是相当的大，直径可达23cm。花香清新，花色为粉玫瑰色，花瓣上有深色斑点，外部的花瓣尤为明显。花中心部分为绯红色，雄蕊为黄色。花的粉白色部分有形状不规则的深色斑纹，虽然颜色不一致，但是这并不影响它的观赏性。叶面为绿色，叶背面颜色较深，叶子近圆形但有“V”形缺口。成熟的叶子直径为28cm，新叶上表面为青铜色。

Nymphaea odorata var. *minor*

小香　香睡莲小型种

起源：发现于北美东部至加勒比海地区的新大陆上。

植株大小：单株叶子覆盖范围可达1.2m。

水质：水环境要求不高，耐寒，最低生长温度-15℃。

繁殖方式：在生长初期分根繁殖。

小香是一个稳定的栽培品种，有香味，花瓣纯白，雄蕊亮黄色，叶子绿色。栽种于特殊的花土中时，花的尺寸可以增大。在野生环境中，花的外形多变，其中一些本地种的花瓣要比别的品种宽。

Nymphaea odorata 'Sulphurea Grandiflora'

日出　大花黄香睡莲

起源：1888年在法国由香睡莲大型种和黄睡莲杂交得到。

植株大小：单株叶子覆盖范围可达1.5m。

水质：水环境要求不高，耐寒，最低生长温度-15℃。

繁殖方式：在生长初期分根繁殖。

日出的星状黄色花朵是所有耐寒种睡莲中最迷人的一种，直径可达25cm。但是它只有在温暖的地方才能良好地生长，如果春季水温较冷的话，那么就会产生螺旋状的叶子。1930年前后，加利福尼亚州的栽培者也将它称为*Nymphaea* 'sunrise'。

Nymphaea 'Rose Arey'

红仙子

起源：1913年在美国培育成功，起源品种不明，可能是紫色香睡莲。

植株大小：单株叶子覆盖范围可达1.5m。

水质：水环境要求不高，耐寒，最低生长温度-15℃。

繁殖方式：在生长初期分根繁殖。

这个品种是由美国华盛顿附近的凯尼尔沃思人Helen Fowler培育出来并以她的堂姐妹的名字命名的。栽培这种香睡莲需要一个尺寸为60cm × 60cm × 30cm的大型容器，这样它的根茎才能成倍地生长。这种香睡莲生长缓慢，但是粉红色的花朵有香味且漂亮。绿色的叶子在初展开时为紫色。

Nymphaea 'Lucida'

明星

起源：亲本不明，在约瑟夫拉图尔－马利列克苗圃中培育成功。

植株大小：单株叶子覆盖范围可达1.5m。

水质：水环境要求不高，耐寒，最低生长温度-15℃。

繁殖方式：在生长初期分根繁殖。

和其他在约瑟夫拉图尔－马利列克苗圃中培育成功产地不明的品种不同的是，明星被认为可能是由于蜜蜂在约瑟夫拉图尔－马利列克苗圃中不同品种之间传播花粉产生的，而不像其他品种那样是由人工杂交产生的。明星原本是一个红色品种，尽管它外部花瓣为粉红色，雄蕊为深黄色。每朵花的花色是固定的，不会随着时间而改变。叶子也很漂亮，绿色的叶面有紫色的斑点。明星的花期不固定。它需要非常小心的看护，因为它比其他睡莲更容易得花冠腐烂病，一种由疫霉属（*Phytophthora*）真菌引起的疾病（购买前应当确定是否已经感染）。将受感染的睡莲清除出池塘再用杀真菌剂进行杀菌可以解决这个问题。

Nymphaea caroliniana 'Nivea'

小株型睡莲

起源：1893年在约瑟夫拉图尔－马利列克苗圃中培育成功，这个品种有香睡莲的血统。

植株大小：单株叶子覆盖范围可达1.5m。

水质：水环境要求不高，耐寒，最低生长温度-15℃。

繁殖方式：在生长初期分根繁殖。

自从近年来能自由开花品种出现后，这个品种的受欢迎度有所减退。不过，它的花很大，直径一般可达15cm，花香浓郁，绿色的叶子能铺满整个水面。若要栽培小株型睡莲就得有足够的空间使它们的根茎能够蔓延。

Nymphaea 'Madame Wilfron Gonnère'

贡内雷夫人

起源：1912年年末培育成功，但亲本不明。

植株大小：单株叶子覆盖范围可达1.2m。

水质：水环境要求不高，耐寒，最低生长温度-15℃。

繁殖方式：在生长初期分根繁殖。

这种美丽的粉色花朵的睡莲极易存活，种植后很多年内都会开花，且和牡丹一样为双花期。虽然它的花形和另一个栽培种“贡内雷”很像，但是我们不应该将这两种睡莲混淆。贡内雷夫人也是在约瑟夫拉图尔－马利列克苗圃中培育成功的，该苗圃位于法国波尔多附近，但是这个品种直到1911约瑟夫拉图尔－马利列克死后才得以发展。这个品种睡莲的花蕾近圆形，且能快速地展开并一直展开至午后为止。花成熟后颜色会有轻微的变化，粉红色的花瓣颜色会有所加深。花朵完全开放的时候直径为12.5cm。叶子大约是花朵的两倍大，绿色，在春季新叶有黄色条纹。

Nymphaea 'Vesuve'

维苏威

起源：由拉图尔－马利列克于1906年培育成功，亲本不明。

植株大小：单株叶子覆盖范围可达1.2m。

水质：水环境要求不高，耐寒，最低生长温度-15℃。

繁殖方式：在生长初期分根繁殖。

维苏威这种睡莲的花期比大多数的睡莲的花期长。花星形，雄蕊鲜橙色，花为鲜艳的红色，随时间推移颜色加深。花瓣的凹面非常有特色，有纵向折痕。由于花色鲜红，所以用意大利的一座火山——维苏威火山来命名。

Nymphaea x laydekeri 'Fulgens'

红雷德克

起源：由约瑟夫・拉图尔－马利列克于1895年培育成功，亲本不明。

植株大小：单株叶子覆盖范围可达1.5m。

水质：水环境要求不高，耐寒，最低生长温度-15℃。

繁殖方式：在生长初期分根繁殖。

红雷德克的花期为初春到秋季，花杯状，花色为鲜艳的深酒红色。花萼上有粉玫瑰色条纹。幼叶紫绿色，随时间变化，最后叶表绿色。可栽培于小池子里，但最理想的还是栽培于水面宽阔的地区，且大量地种植在一起，那样就会散发出浓郁的花香。在春季初生和最大开花期的时候，应该将其置放于阳光充足的地方。这个品种是以科学家莫里斯·雷德克（Maurice Laydeker）的名字命名的，莫里斯·雷德克是约瑟夫・拉图尔－马利列克的女婿，在马利列克去世以后，继承了他岳父的工作，继续管理拉图尔－马利列克（Latour-Marliac）苗圃。

Nymphaea 'James Brydon'

詹姆斯·勃拉爱登

起源：可能由红睡莲、雪白睡莲以及雷德克杂交系睡莲杂交获得。

植株大小：单株叶子覆盖范围可达1.2m。

水质：水环境要求不高，耐寒，最低生长温度-15℃。

繁殖方式：在生长初期分根繁殖。

19世纪90年代末期，美国费城的“地尔”苗圃培育出了“詹姆斯·勃拉爱登”这种睡莲，随后成为了一个国际化的品种，至今依然存在。这种艳丽的栽培植物极易染病，尤其是真菌性花冠腐烂病。在光照不强的地区它也开花，且在浅水区也能良好地生长。酒杯状的花朵直径可达15cm，这是这个品种的特色之一。自然情况下花瓣为双色，外部灰白色，中间淡红色，雄蕊为黄色。花香也不同寻常，类似于熟苹果的味道。幼叶初展时是迷人的紫褐色，随时间推移渐变为绿色。叶子几乎为圆形，边缘处只有一条裂缝而非“V”形缺口。

Nymphaea × *marliacea* ' Chromatella'

克罗马蒂拉

起源：在法国由红睡莲和黄睡莲杂交获得。

植株大小：单株叶子覆盖范围可达1m。

水质：水环境要求不高，耐寒，最低生长温度-15℃。

繁殖方式：在生长初期分根繁殖。

克罗马蒂拉，别名金杯，直立茎较长，花鹅黄色，花心深黄色，花直径可达15cm，叶绿色，有红褐色斑点，很迷人。在背阴处也能生长，整个季节均开花。梨形根系，根系发达，可有规则地进行分根繁殖。

Nymphaea 'Pink Sensation'

粉色感觉

起源：在美国培育成功，“明星”的变种。

植株大小：单株叶子覆盖范围可达1.2m。

水质：水环境要求不高，耐寒，最低生长温度-15℃。

繁殖方式：在生长初期分根繁殖。

该品种于20世纪中叶从美国引进，花的直径可达20cm，花瓣顶部为银白色。花初期为粉色、杯状，花色随时间推移而加深，花形也随时间推移而变成星形。花香较弱，每天花朵闭合时间较晚。叶子墨绿色，背面根部略带红色。

Nymphaea 'Blue Beauty'

蓝美人

起源：蓝睡莲（*N. colorata*）和赞稷巴蓝冠睡莲（*N. capensis* var. *zanzibariensis*）的杂交种，1897年在宾夕法尼亚大学培育成功。

植株大小：单株叶子覆盖范围可达2m。

水质：水环境要求不高，不耐寒，这种热带种睡莲在温带地区的户外生长不好。

繁殖方式：在生长初期分根繁殖。

“蓝美人”花色不如其亲本赞稷巴蓝冠睡莲艳丽，但是它易开花且在略背阴处也能生长。花大、有香味、白天开花，花朵可达30cm，花浮于水面上。叶子的宽度为花朵的两倍，叶表面绿褐色。

Nymphaea 'William C. Uber'

尤伯

起源：起源不明。

植株大小：单株叶子覆盖范围可达2m。

水质：水环境要求不高，不耐寒，这种热带睡莲在温带地区的户外生长不好。

繁殖方式：在生长初期分根繁殖。

1970年由范·耐斯水艺苑引入美国加利福尼亚州，这种白天开花的热带种睡莲因为有着迷人的粉红色以及沁人香味而备受欢迎。叶子双面均为绿色，叶宽30cm，花的直径可达22.5cm。

Nymphaea capensis

埃及兰睡莲

起源：原产于南非好望角地区。

植株大小：单株叶子覆盖范围可达2.5m。
水质：水环境要求不高，不耐寒，这种热带睡莲在温带地区的户外生长不好。
繁殖方式：在生长初期分根繁殖，也可种子繁殖。

这种白天开花的睡莲能栽培于小型水池里，花色亮蓝、有香气。叶子绿色、圆形，叶缘锯齿状。该品种种子可播种于小型的透明玻璃缸中，水温24℃。

Nymphaea 'White Delight'

白色的喜悦

起源：亲本是白天开花的睡莲但具体品种不明，1984年才被引进。
植株大小：单株叶子覆盖范围可达2m。
水质：水环境要求不高，不耐寒，这种热带睡莲在温带地区的户外生长不好。
繁殖方式：在生长初期分根繁殖。

虽然这种花被称为白色的喜悦，但是它的花色类似于大丽花为亮黄色，中间部分颜色较深。雄蕊也为黄色，因而和内部花瓣的颜色掺和在一起。白天开花（一些热带种睡莲晚上开花），花直径可达30cm。这种睡莲花香浓郁，大量栽培在一起的时候观赏性较强。新叶表面有紫色斑点，成叶则全绿，叶子相对较大，浮于水面上。这种睡莲通过分根繁殖，但是有些热带种睡莲则是在叶子中间长出新苗，然后将其分离开来就能长成一株新的睡莲。

Nelumbo 'Mrs. Perry D. Slocum'

三色莲

起源：中国莲“红千叶”品种为母本，美洲黄睡莲为父本进行远缘杂交，而获得的种间杂种。
植株大小：单株叶子覆盖范围可达2m。
水质：水环境要求不高，不耐寒，霜冻后存活于水下15cm以下。
繁殖方式：在生长初期分根繁殖。

这种睡莲只有在夏天室外温带达24~29℃的地区才能生长。这种睡莲是以美国著名睡莲培育者Perry D. Slocum的妻子的名字命名的。具有茴香样花香，花朵直径可达30cm。花色粉红色带黄晕，第二天花色会加深，花朵成熟后花色就固定了，这时候花色为乳白色略偏粉色，因而在一片睡莲中会出现一系列不同的花色。花谢了以后，就会结下莲子，最初莲子为黄色，然后逐渐变为绿色。睡莲能栽培于半个啤酒桶中，和栽培在池塘中长得一样好。如果池塘中还养鱼的话，那么就需要添加一些隔离物，因为有些排泄物对睡莲来说是有毒的，比如塑料容器就是一个很好的选择。